宁夏高等学校一流学科建设（教育学学科）资助项目，项目编号：NXYLXK2021B10

热学基础教程

桑苏玲　主编

中国原子能出版社

图书在版编目（CIP）数据

热学基础教程 / 桑苏玲主编. --北京：中国原子
能出版社，2023.8
ISBN 978-7-5221-2886-3

Ⅰ. ①热⋯ Ⅱ. ①桑⋯ Ⅲ. ①热学–高等学校–教材
Ⅳ. ①O551

中国国家版本馆 CIP 数据核字（2023）第 153888 号

热学基础教程

出版发行	中国原子能出版社（北京市海淀区阜成路 43 号　100048）
责任编辑	白皎玮
责任印制	赵　明
印　　刷	河北宝昌佳彩印刷有限公司
经　　销	全国新华书店
开　　本	787 mm×1092 mm　1/16
印　　张	11.75
字　　数	250 千字
版　　次	2023 年 8 月第 1 版　2023 年 8 月第 1 次印刷
书　　号	ISBN 978-7-5221-2886-3　　定　价　**78.00 元**

发行电话：010-68452845

前　言

　　作为全面贯彻科教兴国战略和人才强国战略的重要承载体，高校应紧扣国家战略需要，深化本科教育教学改革，探索人才培养的有效路径。课程是人才培养的核心，课程教学不仅是传承知识和拓宽基础的途径，同时也是引导学生树立正确的价值观、人生观的重要环节。在此背景下，专业课教师应及时转变教育教学理念，提升教学设计站位，科学整合教学内容，优化教学实施策略，让学习由浅层走向深度，让学生真正爱学、乐学。

　　热学是物理学师范类专业的专业核心课程。本课程旨在系统掌握热学的基本理论、基本方法和基本技能。同时也为物理学师范生进一步学习物理学专业后续课程打下基础。主要内容包括热力学的基本概念和规律、统计物理学的初步知识及物性学方面的基本知识。热力学与统计物理学分别从宏观和微观两个不同的角度去研究物质的热运动，它们彼此密切联系，相互补充。宏观描述方法与微观描述方法的紧密结合，使热学成为联系宏观世界与微观世界的桥梁。热学作为一门体系完整、逻辑严密的理论课程，教师应以育人为目标，以学生发展为中心，设计与具体内容对应的教学活动方案，全面、全程渗透教学目标的达成，并做到环节完整、要素齐全、方式贴切、方法有效，才能让热学课程真正成为培养中学骨干教师的重要一环。

　　本书在编写的过程中，有两个特点，一个是应用了大单元教学呈现主要内容，在前五章用问题链的方式、后两章用思维导图的方法完成大单元教学设计；另一个是部分章节体现了热学课程思政的途径和方法。

　　传统的学校课堂教学，主要是通过课时设计和教学的形式完成。这种教学组织的方式方法，往往容易在学生脑海里形成碎片化和浅表性的知识，很难通过学生自身内化过程，将关键点建立联系，构架形成系统的、逻辑体系严密的知识框架。并且，这种片断化的认知，主要依靠短期记忆完成学习，通常无法应用于实际的思考和解决问题的过程，降低了学习效果和学习积极性。

　　大单元设计是一种介于课程设计与课时设计之间的一种中观的教学设计。宏观上可以有效地呈现课程整体设计目标和知识结构体系，微观上能够合理协调课时之间的教学逻辑。具体来说以某个学科大概念或大问题作为教学主题，对主题相关的教学内容进行整合，用真实的问题情境和逻辑清晰的问题链为引导，立足单元整体来设计和统筹教学活动。大单元教学设计针对以知识点为中心的传统课时主义教学内容碎片化、思维结构扁平化的问题，通过大概念、大问题或大项目能够帮助学生梳理知识体系、拓展思维结构，提升迁移应用能力。促进学生思维的拓展，形成深刻的学科思维逻辑，提升学生解决问题的能力。这种指向深度学习的课堂，能为学生提供具有挑战性的学习内容，促进学生将已有的知识与经验连接起来，使学生具备在新情境下发现、分析和应用知识的能力，有效激发学生学习的主动性。

　　本教材通过大单元设计与教学，对教材的单个教学单元进行整合，提升了热学教学的单元关联性，优化学科知识结构，能够引导学生进行有效的整合学习，促进自身学科知识的深化，避免片段性的知识，帮助读者构建严密、全面且不孤立的物理学概念及规律，促进学生进行深度学习。

　　课程思政的本质就是立德树人，就是将政治思想教育的理论知识、价值理念及精神追求等融入到课程之中，达到潜移默化地对学生的思想意识、行为举止产生影响的目的，实现知识、技能与素质培养的统一。热学课程首先明确了课程思政的任务和要求，依据课程教学目标确定思政育人目标。根据课程目标，挖掘提炼了热学课程中所蕴含的思政元素和德育功能，确定思政育人目标为一是引导学生以发展的视野认识中国优秀文化，提高学生的家国情怀；二是培养学生实践创新能力和严谨求实的科学精神。可以发现思政目标根植于课程目标，课程思政和专业教学是完全融合的。

　　热学课程从两个角度挖掘课程思政与教学内容的"契合点"，第一个角度是"专业知识的物理学发展史"。物理学史集中体现了人类探索和逐步认识事物规律和本质的历程，让学生感受物理学家求实、创新、奉献的科学精神，培养学生科学素养、爱国精神和人文情怀。第二个角度是"专业知识的发展前沿"，让学生了解物理学在自然科学和人类社会发展过程中的重要作用，了解物理学是科学技术进步的源泉。从而提高学习物理的兴趣，树立学好物理的信心。本书将思政元素融入章节、环节和知识模块，在学习专业知识的过程中在价值层面、精神层面、情感层面有意识地引导，最终课程思政与专业知识和技能融为一体，实现全程育人、全方位育人。

本书可作为普通高校物理学类专业热学课程的教材，也可供其他专业选用。本书的出版得到了宁夏师范学院 2023 年校级本科教学项目（项目编号 NJZZYGGK2304）的资助。

目　录

绪　论

科学是指反映自然、社会、思维等客观规律的分科的知识体系，按研究对象可分为社会科学、自然科学等。研究各种社会现象的科学叫做社会科学，包括政治经济学、法律学、历史学、文艺学等。研究自然界各种物质和现象的科学叫做自然科学，包括物理学、化学、数学等。物理学是自然科学的重要组成部分，它的迅速发展和巨大成就对许多领域都有重大影响。

一、物理学的形成和发展

1. 物理学的形成

物理学一词来源于希腊文，它在希腊文中的原义是"自然"。在古代欧洲的时候，"物理学"一词曾经是自然科学的总称。随着自然科学的发展，它的许多分支都一一独立出去了，物理学的研究范围也随之变化。19世纪中期，物理学的研究范围仅限于物质性质不发生变化的过程。但是这种限制已逐渐被突破，物理学的研究对象已扩大到较宽的领域。现在认为，物理学是研究物质的结构、物体间的相互作用及它们的运动规律的科学。通常，它又分为力学、热学和分子物理学、电磁学、光学、原子物理学和原子核物理学，以及固体物理学等许多分支。物理学的发展，大致可以分作古代物理学、经典物理学和现代物理学三个时期。

16世纪之前的物理学被称为古代物理学。古代物理学历时几千年，主要成果有公元前420年，德莫克利特提出"原子论"，认为一切物质均由无限多个不可分割、看不见的"原子"所组成；公元前300年，古希腊数学家和力学家阿基米德等制造了杠杆、轮轴等物理器械；罗马灭亡后，科学进入停滞期，基督教的神学主宰一切；直到文艺复兴时期，科学从神学禁锢中解放出来；1543年波兰天文学家、数学家哥白尼对神学提出质疑，发表《天体运行》，说明天体运行是以太阳为中心。

17世纪到19世纪形成的物理学被称为经典物理学。人们对客观世界的认识，在早期起源于感觉。根据感觉，将观察到的现象加以分类，如与视觉有关的现象归为一类，对它们的研究称为光学；与听觉有关的一类称为声学；热现象与另一种感觉有关，由此而建立起热学。当然，物体的机械运动是自然界中最常见的现象，也便于观察，所以力学的建立比光学、热学和声学都早。17 世纪时，力学已形成为相对独立且完整的学科。对物质微观结构的正确认识影响了热学的发展，而电磁学与直接感觉的联系较少，所以这两个学科直到 19 世纪才形成物理学的一个独立分支。对光现象的研究显而易见取决于电磁学的成就，所以 20 世纪初，光学最后构建完成。以上所讲的力学、热学、声学、光学和电磁学称为物理学的经典分支或统称为经典物理学。牛顿于 1687 年发表了他的不朽名著《自然哲学的数学原理》，从而结束了前后约 200 年的对自然界的探索时期，确定了经典物理学的完整体系。由伽利略和牛顿等人于 17 世纪创立的经典物理学，经过 18 世纪在各个基础学科的拓展，到 19 世纪得到了全面、系统和迅速的发展，达到了它辉煌的顶峰。到 19 世纪末，已建立了一个包括力、热、声、光、电诸学科在内的、宏伟完整的理论体系。特别是它的三大支柱——经典力学、经典电动力学、经典热力学和统计力学——已臻于成熟和完善，不仅在理论的表述和结构上十分严谨和完美，而且其中所蕴涵的十分明晰和深刻的物理学基本观念，对人类的科学认识也产生了深远的影响。提到经典物理学的发展，不得不提到的人有很多。比如，伽利略，经典物理学中的力学尤其是动力学的创建是伽利略的功劳。他原本是研究医学的，但却放弃了医学转而从事物理学研究，他在比萨斜塔上著名的落体实验证明了轻的物体和重的物体落体速度是相同的，他发明了望远镜、显微镜和空气温度计，他宣讲并论证哥白尼的太阳中心说，他还是最早教导人们不能把圣经当作科学教科书的人之一，并因此受到教会的迫害。

历史上，牛顿力学体系的创立，曾给物理学一个巨大的推动力，牛顿对物理学基本定律的叙述是权威的，直到 19 世纪末著名的三大实验揭开了现代物理学的序幕，经典物理学的局限性和内在矛盾开始显露出来。三大实验包括伦琴的 X 射线的发现、放射性的发现及汤姆孙电子的发现，众多新发现和旧原理之间产生了矛盾，比如居里夫妇发现了镭的永恒发热现象违反了能量守恒原理，而电子质量随着速度的增加而增大违反了质量守恒原理，这接连不断的新发现，使经典物理学几乎在所有领域都遇到了困难，人们不得不承认在经典物理学晴朗的天空下出现了两朵"乌云"，第一朵"乌云"指的是以太的测量。相对性原理是经典力学的一个最基本的原理，这个原理认为绝对静止和绝对匀速运动都是不存在的，一切可测量、因而也是有物理意义的运动，都是相对于某一参照物的相对运动。牛顿本人也充分意识到了确定的绝对运动的困难，最后只能以臆测的绝对空间的存在作为避难所，在麦克斯维的电磁场理论获得成功后，电磁波的载体以太，就成了物化的绝对空间，静止于宇宙中的以太构成了一切物体的绝对运动的背景框架。但是迈克尔逊和莫雷利用迈克尔逊干涉仪所作的迈克尔逊—莫雷实验却测不到以太的存在。第二朵"乌云"指的是关于黑体辐射研究中遇到的严重困难。

由于经典物理学遇到了诸多困难，从而在 20 世纪现代物理学诞生了。主要成果包括 20 世纪初至 30 年代期间所发展起来的狭义相对论和量子力学，20 世纪 50 年代以后物理学又得到了长足发展，它包括激光、核物理、粒子物理、固体物理及混沌、耗散结构等非线性物理学。应该指出，物理学是一个整体，对经典物理学必须用现代物理学的观点进行修正和重新评价，使之得到符合实际的结果。

2. 物理学的特点

物理学是一切自然科学中最基本的，它的重要性不仅在于为科学研究提供了基本的、理论的框架，在此基础上建立其他自然科学；从应用的观点看，它几乎为所有领域提供了可用的理论、实验手段和研究方法。物理学由于它的三大特点——普遍性、基本性及与其他学科的相关性，使它在自然科学中占有独特的地位。物理学是自然科学许多领域的基础，并且是当代高新技术至关重要的先导与基础。

（1）物理学的发展大大促进了数学的发展

物理学是定量的科学，它与数学有密切的联系。牛顿在创立牛顿力学的过程中，促成了微积分的诞生，他不仅是一位伟大的物理学家，也是一位伟大的数学家。法拉第在提出场的概念之后，促成了场论数学的建立和发展，麦克斯韦把场论数学应用于电磁学，建立了麦克斯韦电磁场理论，完成了电、磁、光的大统一。

当然，数学是表达物理概念和物理规律最简洁、最准确的"语言"，只有把物理规律用数学形式表达出来，才能使物理规律更准确的反映客观实际。特别在科学发展突飞猛进的当今时代，没有数学方法作为工具，物理学将寸步难行。

（2）物理学和哲学的关系

物理学和哲学是一对同生同长的同胞兄弟，从亚里士多德所著的《物理学》开始就是如此。牛顿把他的力学称为《自然哲学的数学原理》，牛顿力学的建立促成了机械唯物论的大发展。爱因斯坦相对论的创立和他的哲学思想密切相关，相对论时空观又完全证明了辩证唯物主义的正确性。爱因斯坦曾说过："本世纪初只有少数几个科学家具有哲学头脑，而今天的物理学家几乎全是哲学家。"

（3）物理对信息科学发展的促进作用

信息科学的内容包括传感技术、通信技术、计算机技术和自动化技术等。物理学中的原子分子物理、光物理、声学物理、激光技术、近代光学技术、光电子技术、材料科学技术等对现代信息技术影响最大，构成了信息通讯技术的基础。激光的出现使通信技术的面貌焕然一新，激光出现后蓬勃发展起来的非线性光学在激光技术信息处理和存储、计算技术等方面有重要的应用前景。原子分子物理、光物理和凝聚态物理相结合产生了新的激光器、新的激光波段、新的相干光源和各种各样非线性光学器件，促进了通信信息科学的飞速发展。近年来发展起来的量子信息科学是物理学与信息科学交叉融合产生的新兴学科，涉及物理、计算机、通信、数学等多个学科。

（4）物理学推动了科学技术的进步

从更深层次上分析，物理学的发展和完善不仅推动了整个自然科学的发展和完善，同时也推动了社会的进步。也可以说，物理学是科学技术进步的源泉。第一次工业革命也称蒸汽时代，以蒸汽机的发明和广泛应用为标志，热力学的形成和发展为第一次工业革命奠定基础；第二次工业革命也称电气时代，标志是电磁学的迅速发展推动了发电机、电动机和无线电通信发展；第三次工业革命也称信息时代，标志是现代物理促使计算机、微电子技术、航天等技术的进一步发展。

物理学是自然科学的基础，它是在人们认识自然和改造自然的过程中发展和壮大起来的。自然科学与生产实践相结合变成直接的社会生产力，社会生产力的发展又推动自然科学向更深层次发展。也就是说，生产决定科学，科学又反作用于生产。

3. 物理学的研究方法

物理学是通过观察、实验、抽象、假说等研究方法并经过实践检验而建立起来的。物理学是实验性的科学，它对自然界的了解，必须依靠观察和实验。由于自然现象的发生不受人为控制，所以仅靠观察就难于对错综复杂的现象进行分析。因此必须进行实验。实验可在预先安排，并在受到控制的条件下仔细观测某一现象，易于定量的查明该现象产生的背景及受哪些因素的影响等。如果没有实验，现代科学绝不会有这样飞速的发展。

　　实验是最后的仲裁者。但是仅根据实验是不够的。人们根据实验结果进行分析，对所研究的物理现象通过抽象的科学方法提出一种模型并建立物理概念，然后再找出物理概念与概念之间的定量关系表达该物理现象的本质规律形成假说，最后从假说历经无数次的实践检验后到物理定律和定理，从而建立理论体系。

　　观察、实验、抽象和假说是建立物理学理论的四个环节。在物理学的研究中还离不开具体的方法，例如等效法、类比法、隔离法等。等效法是从等同效果出发来研究物理现象和物理规律的一种方法。类比法是对不同的物理过程用类比的方法进行逻辑推理，由已知的物理规律导出未知的物理规律的方法。隔离法是从整体中抽出一部分来进行研究的一种方法。

　　4. 物理学的内容

　　物理学的内容主要是由物理概念和物理规律构成，而其核心是物理概念。物理概念不仅定性而且定量的反映了客观事物、现象的物理本质属性。在自然界中，只有具有物理属性的事物和现象才能成为物理学研究的对象，也只有把事物的物理属性从该事物的其他属性如生物属性等中区分出来，并用定义的方式来表明它时，才能形成物理概念。物理概念是组成物理内容的基本单元，而构成物理内容的另一重要部分是物理规律。物理学中的公式、定理、定律和原理等统称为物理规律。物理规律是指物理现象之间的客观内在联系，它表示物理概念之间实际存在着的关系。在任何一个物理规律中，总是包含着若干个有联系的物理概念，所以不建立清晰的物理概念，显然就谈不上对物理规律的掌握。此外，物理规律的建立都是有条件的，而且常常不显含在规律的表述之中。因此，学习物理规律，一定要注意它的适用条件和适用范围。

二、热学的研究对象

　　自然界物质运动形式多种多样，除了存在如汽车、火车的运行，车床飞轮的飞转，天体运动等一类现象之外，还有物质的热胀冷缩、热传导、扩散、导体电阻率随温度变化及物质的物态变化等另外一类现象。前者的特征是物体的空间位置发生变化，被称为机械运动现象，属于力学的研究范畴；而仔细分析后一类现象，会发现存在着一个共同的特点，即这些现象都与温度有关。将这一类物质的物理性质随温度变化的现象称为热现象。

当讨论和研究热现象规律的时候，物体的整体宏观机械运动已不再属于讨论的范畴，人们将目光投向物质内部大量分子的运动上。1 mol 物质内包含 6.02×10^{23} 个分子，这些分子十分频繁地与其他分子发生碰撞。在标准状况下，每秒的碰撞次数约几十亿到近百亿次。气体分子运动的平均速率的数量级为 10^2 m/s。由于分子间的频繁碰撞，使得分子的运动状态不断在变化，表现为无规则的分子运动。热现象的产生是物质内部大量分子无规则的运动导致的。区别于机械运动物理概念，人们将由大量无规则运动的分子所组成的宏观物质以热现象为主要标志的运动形态称为热运动。可知热现象是热运动的宏观表现，热运动是热现象的微观本质。

而热运动不是孤立的，在一定条件下可与其他运动形态相互转化。如摩擦生热就是把机械运动转化为热运动，还有挥发降温、气缸内气体吸热对外做功、电流通过电阻发热和温差电池等现象表明了热运动与其他运动是可以互相转化的。因此研究热运动同其他运动形态相互转化的规律也是热学研究的另一个重要基本内容。

综上所述，热学是一门研究物质热现象和热运动的规律及热运动与其他运动相互转化的规律的学科。

下面介绍几个在热学中普遍涉及的基本概念。

1. **热力学系统及外界**

"系统"一词来源于古希腊文，含义为由个体或部分组成的集合。热力学中把研究对象称为热力学系统，其中应包含大量分子或原子；在对系统进行研究的过程中，总是假想系统与周围环境是隔离开的，能对系统的状态产生影响的那部分环境称为外界。

2. **宏观现象与微观现象**

在物理学中，通常根据物质的层次把物理现象分为宏观现象和微观现象。宏观现象一般是指空间的线度大于 $10^{-8} \sim 10^{-6}$ m，由大量微观粒子组成的系统整体及场在大范围内所表现出来的现象；微观现象一般是指空间的线度小于 $10^{-9} \sim 10^{-8}$ m 的粒子（原子、分子和各种基本粒子）和场在极其微小的空间范围内所发生的现象。在热学中，把热力学系统在总体上表现出来的现象称为宏观现象，如膨胀、物态变化等；原子或分子等微观粒子产生的现象或过程称为微观现象，如分子碰撞、分子运动等。宏观现象与微观现象是紧密联系着的。

3. 宏观量与微观量

描述宏观现象的物理量称为宏观量，描述微观现象的物理量称为微观量。在热学中，把反映热力学系统宏观整体性质的量称为宏观量，如压强、温度、内能、热容、熵等；描述系统内分子运动和相互作用的量称为微观量，如分子质量、分子速度、分子动能等。

三、热学理论（宏观理论和微观理论）的两种方法

热学的研究对象是宏观物体，准确来讲，是一个由大量微观粒子组成的物体，所以热现象是一种宏观现象。但可以从宏观和微观两种不同的角度着眼，采用不同的方法加以研究。所谓宏观观点，是从宏观物体的总体上来观察和考虑问题；微观观点则是从组成宏观物体的大量微粒的运动和相互作用着眼来考虑问题。这样就形成了研究热现象的两种方法和理论：热力学和统计物理学。

1. 热力学方法

热学理论建立之初，由于人们对物质的微观结构尚未认识清楚。因此不考虑，实际也无法考虑物质的微观结构和过程，而是以观测和实验的事实为根据，从能量及其转化的观点出发，对由实验总结出的热现象规律进行严密的逻辑推理，从而研究物质热学性质，建立热力学定律。这一种研究热现象的方法称为热力学方法。热力学中，并不考虑物质的微观结构和过程，而是以观测和实验事实作依据，主要从能量观点出发，分析研究物态变化过程中的热功转换的关系和条件。

热力学方法的主要成果包括热力学四个定律和热力学概念，如压强、温度、内能、热容、热量、熵、焓、自由能等。其中热力学第一定律依靠能量概念说明了一切热现象所遵循的数量关系，热力学第二定律依靠熵的概念说明了一切与热现象有关的实际宏观过程都具有方向性和限度。

2. 统计物理学方法

热力学理论给出的结论虽然基于实验却精确可靠，但无法阐明热力学概念及热力学定律的本质，如温度的高低到底反映了什么实质？实验测得的理想气体的内能为什么与体积无关只由温度决定等。对热现象本质的揭示要求人们从新的角度出发，建立新的热学理论。实际上随着科学的发展，人们对物质微观世界已具有了初步的认识。分子物理学认为，① 一切物体都由大量分子（原子）组成，分子之间存在着一定的间距；② 分子之间存在相互作用力，表现为引力和斥力；③ 分子在做永不停息地作无规则的运动。这种无规则运动随着物体温度地升高而变得越加激烈，所以大量分子无规则运动才称为热运动。分子运动论的基本观点对固体、液体、气体都同样适用。实际上，它给出了宏观物体的微观结构图景。

根据上面所讲，要追踪每一个分子，对它们列出运动方程是不可能且不必要的。大量分子的热运动本身就是一种比较复杂的物质运动形式，与物体的机械运动有本质区别。因此对于热运动和热现象的问题不能单纯用力学方法来解决。在建立分子物理理论时，认为宏观量与微观量之间必然存在应有的内在联系。虽然个别分子的运动是无规则的，但是大量分子集体表现却存在一定的统计规律。

总的来说，分子物理学是以物质的原子分子结构和分子热运动为基础，运用统计的方法，解释与揭示物体的宏观热现象及其有关规律的本质，并确立宏观量与微观量之间关系的一门学科。

热力学是热学的宏观理论，统计物理学是热学的微观理论。热力学方法准确可靠，但不能揭示本质；统计物理学方法虽可揭示本质，但因建立在假设基础之上从而具有近似性。两者的作用是相辅相承、缺一不可的。把宏观观点和微观观点结合起来进行研究，是现代物理学的特点。

3. 热学理论体系和思想

在热力学中，热力学的四个基本定律之间有很深刻的内在联系。基于热力学第零定律科学定义了表征物体的热学性质的基本物理量——温度；热力学第一定律给出了热运动和其他运动形式相互转化的数量关系；热力学第二定律表明热运动与其他运动的转化是有限制的；热力学第三定律说明热运动不可能全部转化为其他形式的运动。而在统计物理学中，用统计的方法从宏观量和微观量关系出发去研究，揭示了宏观热现象的微观本质。在热学中所蕴含的物理学思想有能量的物理学思想，熵的物理学思想，运动普遍联系和转化的思想，自然过程方向性的思想及处理微观问题的统计思想等。

四、热学发展简史

人类对热现象的认识首先源于对火的认识。古代西方认为火、土、水、气是构成万物的四个主要元素。中国古代有金、木、水、火、土五行学说。实际古代物理学主要成就是古代原子论，人们用古代原子论解释一切现象，其特点是猜测性的思辨。热学的形成大致可以分为四个时期。

1. 第一时期

热学的早期史开始于 17 世纪末，直到 19 世纪中叶。这时期积累了大量的实验和观察的事实，关于热的本性展开了研究和讨论，为热力学理论的建立作了准备。

主要历史事件如下：

1661 年，英国化学家玻意耳发现等温气体状态方程。

1676 年，法国物理学家马略特发表《气体的本性》，独立确立马略特定理。

1702 年，法国物理学家阿蒙顿制成空气温度计。

1783 年，普利斯特里正式提出热质说，认为热的传递是由于热质（假想的无重量流体）的流动。这种说法直到 19 世纪 30 年代都是统治热学的主要理论。

1787 年，法国物理学家查理发现等容气体状态方程。

1802 年，法国物理学家盖吕萨克发现等压气体状态方程。

18 世纪蒸汽机的发展——提高效率——研究功与热的转换。

1824 年，法国物理学家卡诺在研究卡诺循环和热机时提出了卡诺定理。

2. 第二时期

主要时间阶段从 19 世纪中叶到 19 世纪 70 年代末。这一时期热功当量原理奠定了热力学第一定律的基础，热力学第一定律和卡诺定理的结合导致了热力学第二定律的形成，与微粒说结合导致了分子运动论的建立。但热力学与分子运动论的发展彼此是隔绝的。

主要历史事件如下：

热力学方面

1849 年，英国物理学家焦耳发表《论热功当量》。通过大量精确和严格的实验，测量出热功当量为 4.18 J/cal，确立了建立能量转化与守恒定律的实验基础。

1850 年左右，形成热力学第一定律。热力学第一定律就是能量转化与守恒定律在热现象过程中的具体表现。在热力学第一定律建立以后，德国物理学家克劳修斯和英国物理学家开尔文分别通过对卡诺关于理想热机效率问题研究成果的细致分析，各自独立的发现了热力学第二定律，并找到了反映物质各种性质的热力学函数。

1851 年，克劳修斯表述了热力学第二定律。

1851 年，开尔文表述了热力学第二定律。

分子物理学方面

1857 年，克劳修斯在研究分子与器壁碰撞时，推导了气体的压强公式，提出了理想气体分子模型。1850 年前后，物理学界普遍认识到了热现象和分子运动的联系，但微观结构和分子运动的物理图像仍是模糊或未知的。凭借着对分子运动的假设和运用统计的方法，克劳修斯正确地导出了气体实验公式。

1860 年，英国物理学家麦克斯韦提出分子碰撞过程中的能量动量守恒和速率统计假设，给出气体分子速率分布律——麦克斯韦分布律。

1871 年，奥地利物理学家玻耳兹曼，将麦克斯韦速率分布律推广至势能场中，提出玻耳兹曼粒子能量分布律，能量均分定理，解释温度的热运动微观本质。

1872 年，奥地利物理学家玻耳兹曼导出了分布函数时间演化的玻耳兹曼积分微分方程。

麦克斯韦和玻耳兹曼在研究分子分布规律和平衡态方面也做出了卓有成效的工作。后来吉布斯把玻耳兹曼和麦克斯韦所创立的统计方法推广而发展成为系统的理论，将平衡态和涨落现象统一起来并结合分子动理论一起构成统计物理学。

3. 第三时期

由 19 世纪 70 年代末到 20 世纪初，在这个时期热力学与分子运动论的结合导致了统计物理学的产生。在 1900 年欧洲物理年会上，开尔文发表过一段非常著名的讲话，他不仅讲道 "19 世纪已将物理学大厦全部建成，今后物理学家的任务就是修饰完善这座大厦了"，而且还讲道 "在物理学的天空中几乎一片晴朗，只存在两朵乌云"。他所指的两朵"乌云"其实就是用现有的经典物理无法解释的迈克尔逊—莫雷测量"以太风"实验和测量黑体辐射实验。后来对"以太"的测量和研究建立了爱因斯坦的狭义相对论，揭示了经典牛顿时空观的严重缺陷；而对黑体辐射能谱的分布规律的研究及对热容量的研究，揭示了经典统计物理学理论的重大缺陷，发现了微观运动的新特性。1900年普朗克提出了能量量子化的假设，用这种假设成功地揭示了黑体辐射问题。与量子力学的有机结合使经典统计物理学发展成为量子统计物理学。

主要历史事件如下：

热力学方面

1906 年、1912 年，德国物理学家能斯特提出热力学第三定律的两种表述。

1939 年，英国物理学家福勒正式提出热力学第零定律，热力学体系形成。

统计物理学方面

1902 年，美国物理学家吉布斯发表《统计力学的基本原理》，把整个系统作为统计的个体，提出系综的概念，克服了气体动理论的困难，建立了统计物理。

4. 第四时期

起于 20 世纪 30 年代，出现了量子统计物理学和非平衡态理论。20 世纪 50 年代以后，非平衡态理论和统计物理学得到迅速发展，形成了现代理论物理学最重要的一个部门。主要成果包括费米—狄拉克统计理论、玻色—爱因斯坦的量子统计理论、相变和临界现象的标度理论及低温超导等。

选读——科学、技术和工程

科学是对自然界客观规律的探索，科学的任务是要有所发现，从而增加人类的知识和精神财富。科学知识的基本形式是科学概念、科学假说和科学定律，科学活动的最典型的形式是基础科学研究，包括科学实验和理论研究，进行科学活动的主要社会角色是科学家。技术是改造世界的手段、方法和过程，它是要在科学认识的基础之上要有所发明，从而增加人类的物质财富并使人类生活的更美好。技术知识的基本形式是技术原理和操作方法，技术活动的最典型方式是技术开发，包括发明、创新和转移，其主要社会角色是发明家。工程是实际的改造世界的物质实践活动和建造实施过程，工程是要有所创造，从而为人类生存发展条件建造所需要的人工自然与物品。工程知识的主要形式是工程原理、设计和施工方案等，工程活动的基本方式是计划、预算、执行、管理、评估等，进行工程活动的基本社会角色是工程师。科学、技术和工程三者关系见表1所示。

表1 科学、技术和工程的关系

研究对象	概念	各类知识的基本形式	各类活动的基本方式	目的	主要研究人员
科学	对自然界客观规律的探索	科学概念、科学假说和科学定律	最典型形式为基础科学研究，包括科学实验和理论研究	有所发现，增加人类的知识和精神财富	科学家
技术	改造世界的手段、方法和过程	技术原理和操作方法	技术开发，包括发明、创新、转移	在科学认识的基础上有所发明，增加人类的物质财富并使人类生活的更美好	发明家
工程	实际的改造世界的物质实践活动和建造实施过程	工程原理、设计和施工方案等	计划、预算、执行、管理、评估等	有所创造，为人类生存发展条件建造所需要的人工自然与物品	工程师

第1章 热力学第一定律与温度

大单元教学设计的核心环节

（一）单元教学内容解读

热学是研究随温度变化的热运动和热现象的，所以温度科学定量的定义是热学首先要解决的问题。

围绕这一问题逐层提出问题，解决问题，最后达成本章节的学习目标。

本章首先明确热学基本的研究对象，并提出孤立系统的概念，随后介绍了孤立系统所处的最简单的状态——平衡状态。对于不受外力的均匀系统而言，当它处于平衡状态时，宏观性质不仅不随时间变化，而且处处均匀一致。因此，可以用一组状态参量去表征状态的宏观性质，而表征热学性质的就是温度这一物理量。

热力学第零定律是温度的科学定义的实验基础，而热力学第零定律是研究热平衡现象的。所以首先定义了热平衡，然后给出了热力学第零定律。在热力学第零定律的基础上，科学地定义了温度。温度的科学定义还应包括温度的数值表示法。所以，紧接着的内容就是关于温度的标度方法。

本章最后解决的是表征平衡状态的状态参量之间关系的问题。实验研究得出，对于一定量且各向同性的固体、气体及液体，三个状态参量只有两个是独立的，把状态参量所满足的方程叫做物态方程。通过稀薄气体的实验，得到了稀薄气体的状态参量满足的方程，从而从宏观上定义了理想气体。

（二）需要思考的基本问题

引领性问题：什么是温度？

问题一：热学主要是研究什么系统的什么状态的？

问题二：怎样描述系统所处的这种状态？

问题三：什么是温度？

问题四：温度如何被测量？

问题五：表征系统所处状态的物理量之间有什么关系？

问题六：稀薄气体的状态参量之间满足什么关系？根据这一关系抽象出了理想气体模型，什么叫做理想气体？

史前穴居者钻木取火，"热"和"冷"的观念生之即有。热学这门学科起源于人类对于热和冷现象本质的追求。热学中核心的概念是"温度"和"热量"，但长期混淆不清。因此学习温度如何科学定义及学习温度的标度方法就成为热学理论学习的开始。

1.1 平衡态和状态参量

一、热力学系统的平衡态

系统与外界之间的相互作用，可以借助边界来描述。热力学系统的边界可以是实实在在存在的，也可以是假想的。既可以是不发生位移和形变的刚性壁，也可以是弹性壁；既可以是阻止系统与外界发生热交换的绝热壁，也可以是导热壁。根据边界的性质，热力学系统按是否与外界发生物质和能量的交换分为封闭系统、孤立系统和开放系统。开放系统是与外界既有能量又有物质交换的系统；封闭系统是与外界只有能量交换而无物质交换的系统，系统与外界的边界为导热壁；当系统与外界之间是刚性且绝热的壁的话，系统与外界既无能量交换，又无物质交换，这样的系统为孤立系统。比如以一杯热水为热力学系统，当杯盖打开时，这杯水与周围空气既有物质交换，又有热量交换，那么这杯水就是一个开放系统；假若把杯盖拧紧，忽略这杯水与外界的物质交换，因杯壁不是绝热壁，所以这杯水与外界还有热量交换，则该系统为开放系统；在杯盖拧紧后，给这杯水包裹绝热层，则这杯水成为孤立系统。

一定的热力学系统在一定的条件下总处于一定的状态。如图 1.1 所示，往一容器内注入 NO 和 O_2，NO 从左口注入，O_2 从右口注入。一段时间后，关闭左右两侧入口阀门，形成密闭容器，若容器壁是绝热壁，则容器内的系统为孤立系统。忽略重力等外力的作用，若 NO 过量，以关闭阀门时刻作为起始时刻来研究该系统所经历的状态。在起始时刻，系统左侧入口处 NO 浓度大，右侧入口处 O_2 浓度大，在容器的中间区域，新的生成物 NO_2 浓度大，气体在容器内的分布是不均匀的；经历足够长时间后观察，系统只剩两个组分 NO 和 NO_2，并且这两个组分在容器各个部分浓度都相同，均匀分布在整个容器内。在没有外力的影响下，系统所处的这个

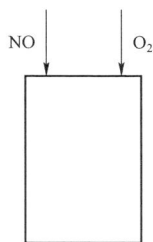

图 1.1　NO 和 O_2 的混合过程

状态将不随时间变化。系统最终达到的这种热力学系统宏观状态是一种最简单而又十分重要的特殊情形，被称为热力学系统的平衡态。所谓平衡态是指孤立系统最终达到的所有宏观性质都不随时间变化的状态。这里面的所有宏观性质包括热学中常用到的几何性质、力学性质、热学性质和化学性质等。热学中表征系统的几何性质常用的物理量是体积；表征力学性质时，常用物理量是压强；表征热学性质时，常用物理量为温度。

在热力学中处于平衡态的系统必须同时满足三种平衡条件：

1. 力学平衡（除为固定容器外，内外压强差 $\mathrm{d}p \rightarrow 0$）：要求系统内部及系统与外界之间不存在未被平衡的相互作用力；

2. 热平衡（除为绝热壁外，内外温差 $\mathrm{d}T \rightarrow 0$）：要求系统内部各部分间及系统与外界之间不存在温度差；

3. 化学平衡（内部结构不变）：要求系统各部分之间不再自发趋向于内部结构的变化。

其中任何一种平衡的破坏都将引起系统平衡态的破坏。在理解平衡态的概念时必须注意几个问题。

1. 平衡态与稳定态有区别：根据平衡态的定义表明，不受外界影响（孤立系统）和系统的所有宏观性质不随时间变化（稳定态）是判别系统处于平衡态的两个重要依据，二者缺一不可。非孤立系统的稳定态不能称作平衡态。

2. 平衡态是热动平衡，存在涨落（矛盾统一体）：当系统处于平衡态时，组成系统的分子仍在不停的运动着，只是分子运动的平均效果不随时间改变。这种微观运动的平均效果的不变性，在宏观上就表现为系统的宏观性质保持恒定不变。在系统达到了平衡态后，仍可能发生偏离平衡态的所谓涨落现象，因此热力学平衡态是一种动态平衡。为了与力学平衡相区别，把热力学中的平衡称为热动平衡。

3. 如果不存在外力场或外力场可以忽略的情况下，一个均匀系统在达到平衡态时，它内部的各种宏观性质处处一样；在外场中或对非均匀系统，平衡态下系统宏观性质可不均匀，如重力场中粒子密度随高度而变等。

4. 平衡态是理想概念，其作用是可简化问题，可引入数学描述，可以用状态参量去描述平衡态。

二、状态参量

热力学系统处于平衡状态，系统的几何性质、力学性质、化学性质及电磁性质不随时间改变，因此可选择表征系统以上宏观性质的物理量即体积、压强、物质的量、极化强度和磁化强度等对系统平衡状态进行描述。在物理学中，把描述热力学系统所处的平衡状态宏观性质的物理量成为状态参量。

对于一定质量，一定种类纯气体系统，可用体积和压强描述状态的几何性质和力学性质，若对于混合气体且处于外场之中，除体积和压强外还要有描述化学性质的物质的量和电磁性质的电磁参量。但仅有以上 4 个参量只是确定一个平衡态，而不能完整的描述热力学系统的状态，因为它们不能直接表达系统的冷热特点，因此必须引入新的为热学所特有的状态参量——温度。

物理学中物理量除了可以分为过程量和状态量外，还可以分为强度量和广度量。强度量指物理量的值与物质的多少没有关系，如温度、密度等；广度量是指物理量的值与物质的多少有关的物理量，如质量、内能等。

1.2 热力学第零定律与温度

温度的初级定义是表征物体冷热程度的物理量。以上定义具有主观感觉色彩，不科学，不严谨，必须给温度建立起严格的、科学的定义，并且确定一个客观的，可以用数值表示的度量方法。

一、热力学第零定律

1. 热平衡

实验事实表明，一个处于平衡态的系统状态参量，有赖于与它相邻的其他系统和将它与相邻系统隔开的界壁性质。分别处于平衡态的系统 A、B 用一固定的刚性隔板分隔开。若隔板为绝热板如厚木板、石棉板等，则两系统的状态可独立变化互不影响。若隔板为导热板如金属板，则两系统的状态不能独立改变，一个系统的状态变化会引起另一个系统的状态变化。隔板为固定的刚性隔板，所以系统不通过界壁做功。这样，两个系统就只可能发生热交换。当隔板为导热板时，两个系统这种相互作用称为热接触。通过导热板进行热接触的两个系统组成一个复合系统，当复合系统达到平衡态时，就说两个系统处于热平衡，这样的状态叫做热平衡态。即热平衡是热接触的两个系统经过一段时间后，各自状态不再变化而达到的一共同状态叫热平衡态，也称两系统彼此处于热平衡。

2. 热力学第零定律

热力学第零定律于 1930 年由英国物理学家福勒正式提出，比热力学第一定律和热力学第二定律晚了 80 余年，但实际上在正式提出之前人们已经开始应用它了。因为它是后面几个热力学定律的基础，在逻辑上应该排在最前面，所以叫做热力学第零定律。

经验表明，如果两个热力学系统中的每一个都和第三个热力学系统处于热平衡，那么，它们彼此也必定处于热平衡。这个结论便是热力学第零定律。热力学第零定律是大量实验总结的，不能逻辑推证。

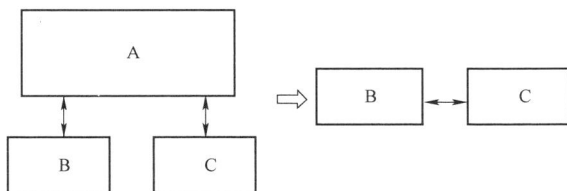

图 1.2　热力学第零定律示意图

热力学第零定律为建立温度概念提供了实验基础。这个定律反映出，处在同一热平衡状态的所有热力学系统都具有一个共同的宏观特征，这个特征就是互为热平衡系统的状态所决定的一个状态函数，当两个系统互为热平衡时，两个系统的这一状态函数必定相等。这个状态函数被定义为温度。从而可以进一步认识"温度"这一基本物理量的实质是反映了系统的某种宏观性质。

二、温度的概念

热力学第零定律表明热力学系统除了具有几何性质、力学性质等之外，还存在某种共同的性质。这种性质决定不同的系统相互热接触时，最终必将达到热平衡状态。无论是否接触，只要处于同一热平衡状态时，所有系统表征这种宏观性质的物理量必定具有相同的量值。所以可以借助热平衡的概念定义温度。温度的科学定义是，温度是决定一个系统是否与其他系统处于热平衡的物理量。温度的基本特征是一切互为热平衡的系统温度相等。

至此，对温度的科学定义已经完成，那如何对温度进行测量呢？热力学第零定律指明了一切互为热平衡物体的温度都相同，为此可以选择适当的系统作为标准即温度计，去测量被测物体的温度。

1.3 温标的建立

以热力学第零定律为实验基础定义的温度是一个宏观概念，是定性的，不完全的，完全的定义还应包括温度的数值表示法。对温度进行量化，必须先确定温标。温标即是温度的数值表示法。温度计的建立都是以某一种温标为根据。

一、经验温标

当冷热程度变化时，物质的许多属性也会随之变化，可以利用这一特性建立温标。被选作测温物质的物体叫做测温物质，凡是以测温物质的测温特性随冷热程度的变化为依据而确定的温标，都叫经验温标。与长度、质量等量的测量相比，温度是间接被测量的量，没有标准原器。

建立经验温标包含三个步骤。

1. 选择测温质和测温参量

反应测温属性的物理量称为测温参量。要求被选做测温参量的物理量随温度是单调变化，即要求一个物理量值只与一个温度值对应。为了保证测量的精度，还有两个要求，其一要求测温质的热容量必须足够小，这样才能保证在相互接触达到热平衡的过程中，不改变待测物的温度，这样的测量结果才能反映被测系统的原有温度；其二还要求测温参量随温度发生显著的变化，比如温度计之所以选择水银作为测温质，以水银体积作为测温参量，就是因为水银的体积随温度的变化相比于其他液体而言较显著。

2. 规定测温参量随温度的变化关系

测温标准尚未建立以前，说某测温质的某一测温属性与温度之间有什么关系是没有根据的，这种关系是规定出来的。从本质来讲，可以规定测温参量和温度的关系是任意函数关系，但为了简单起见，选择了最简单的函数关系——正比关系。

设 x 表示测温参量，$T(x)$ 表示同 x 对应的热平衡时的温度值。规定正比关系即 $T(x) = \alpha x$。此外，当然也可以规定测温参量随温度作线性变化、对数变化、指数变化等。

3. 选定标准温度点并规定其温度

为了确定常数 α 而对温度值进行分度，需要给定一组 (x_{tr}, T_{tr}) 的值，把这组值对应的状态叫做标准温度点，而 T_{tr} 就是规定的标准温度点的温度，x_{tr} 就是测温参量在标准温度点下的值。对标准温度点选取的基本要求是该状态便于复现，且具有恒定性及唯一性。在标准温度点处，所有标度方法相同的温度计都要给出温度 T 的相同读数。

1954 年后，国际上统一规定选择水的三相点作为标准温度点。水的三相点指冰、水、汽共存状态的温度。这个状态只有在一定压强和一定温度下才能实现，因而这个状态是唯一的。严格规定水的三相点的温度值为 273.16 K。则有

$$T(x) = 273.16 \text{ K} \cdot \frac{x}{x_{tr}} \qquad (1\text{-}1)$$

即 $\alpha = \dfrac{273.16}{x_{tr}}$。这样，就可以根据测温参量的值标定温度值了。

根据经验温标的建立过程可以看出，经验温标的特点是选择不同测温质或相同测温质的不同测温属性所确定的经验温标对同一物体温度的测量往往并不相同。

二、理想气体温标

1. 一般气体温标

经验温标中测温质及测温参量如果选择气体的体积或压强的话，就称为一般气体温标。选择体积作为测量参量的称为定体气体温度计，选择压强作为测温参量的称为定压气体温度计。依据经验温标的测温原理式（1-1），可得一般气体温标的测温原理为

$$T(p) = 273.16 \text{ K} \cdot \frac{p}{p_{tr}} \quad （定体） \qquad (1\text{-}2)$$

$$T(V) = 273.16 \text{ K} \cdot \frac{V}{V_{\text{tr}}} \quad (\text{定压}) \tag{1-3}$$

一般气体温标其实也是经验温标，实验表明气体种类不同，同一状态所测量的温度并不同；且同一种类气体，定压和定体结果也不相同。

2. 理想气体温标

以上所建立的温度计除了在固定点的所测温度相同外，一般情况下对同一物体温度的测量都不相同。显而易见，这种结果并不是大家所期望的。所以建立一个测量结果不依赖于测温质和测温参量的温标就成为一个亟待解决的事情。

大量实验表明，当 $p_{\text{tr}} \to 0$ 各种气体的定体气体温度计及定压气体温度计对同一对象所测温度的差别逐渐消失，且定体和定压这两种测量温度的温度计差别也在消失。以上结果说明气体温标在压强极低的情况下只取决于气体的共同性质，与气体的特定性质无关。利用 $p_{\text{tr}} \to 0$ 即稀薄气体所遵循的普遍规律建立起来的温标叫理想气体温标。理想气体温标的测温原理为

$$T(p) = 273.16 \text{ K} \cdot \lim_{p_{\text{tr}} \to 0} \frac{p}{p_{\text{tr}}} \quad (\text{定体}) \tag{1-4}$$

$$T(V) = 273.16 \text{ K} \cdot \lim_{p \to 0} \frac{V}{V_{\text{tr}}} \quad (\text{定压}) \tag{1-5}$$

它的优点是对同一物体温度的测量是相同的。缺点为有测温范围适用范围 $1 \text{ K} < T < 1000 \text{ }^\circ\text{C}$。

三、热力学温标和国际温标

1. 热力学温标

在卡诺定理的基础上引入热力学温标，热力学温标是一种不依赖于测温质及测温参量的理想温标。热力学理论指出，当热力学系统在无耗散的、缓慢的只分别与两个恒温大热源（系统与热源温差为 dT）热传递时满足 $\frac{T_1}{T_2} = \frac{Q_1}{Q_2}$，利用此式并选择水的三相点为标准点，可以建立热力学温标的测温原理

$$T(V) = 273.16 \text{ K} \cdot \frac{Q}{Q_{\text{tr}}} \tag{1-6}$$

热力学温标的优点是 $\frac{Q}{Q_{\text{tr}}}$ 不依赖于任何物质的特性，因此具有绝对性意

义，因而也称绝对温标。在理想气体温标的有效范围内，热力学温标与理想
气体温标完全一致。缺点是热力学温标是一个理想化的温标，是不能实现的。

2. 国际温标

国际温标是 1927 年拟定的，经过多次修订，目前已趋成熟。最新版国际
温标是 1990 年 1 月 1 日起在全世界实行的。国际温标是按热力学温标标准点
的选取方法和单位选取方法，用理想气体温标实现热力学理想温标，单位为 K。
1 K 的大小定义为水的三相点为热力学温度的 1/273.16。

四、摄氏温标和热力学温标

为了统一摄氏温标和热力学温标，国际计量大会在 1960 年对摄氏温标做
了新的定义，规定它由热力学温标导出。两者之间的关系为 $t = T - 273.15\ ℃$。
某些英语国家，除摄氏温标还用华氏温标。华氏温标和摄氏温标的换算关系

为 $t\ ℉ = 32 - \dfrac{9}{5} t\ ℃$，$1\ ℉ = \dfrac{9}{5}\ ℃$。

例题 1-1　有一金属电阻温度计，将其测温泡放在三相点温度（273.16 K）
的水中时，电阻值为 90 Ω。将测温泡与待测物体相接触，电阻的阻值为 100 Ω，
则待测物体的温度是多少？

解：根据经验温标测温原理 $T(x) = 273.16\ \text{K} \cdot \dfrac{x}{x_{\text{tr}}}$，将 $x_{\text{tr}} = 90\ Ω$，$x = 100\ Ω$

代入，得

$$T(x) = 273.16\ \text{K} \cdot \frac{x}{x_{\text{tr}}} = 273.16\ \text{K} \cdot \frac{100}{90} = 303.51\ \text{K}$$

1.4　理想气体状态方程

一、物态方程

对于一定量且各向同性的固体及气体、液体，在不考虑外力的影响时，
确定它们状态的 p, V, T 三个参量中只有两个量是独立的，所以有态函数
$T = T(p, V)$。对应的隐函数形式为

$$f(p, V, T) = 0 \qquad （1-7）$$

以上函数形式均称为物态方程，函数关系 f 由实验确定。

二、理想气体及物态方程

对于气体，经过大量的实验研究，总结出气体的状态参量满足的 3 个实验定律，而理想气体状态方程是基于这些实验定律建立的。这些实验定律如下。

1. 玻意耳—马略特定律

一定质量的稀薄气体，若温度保持不变，即摩尔质量 M_{mol}，气体的质量 M，温度 T 一定，则其体积和压强成反比，有 $pV = C$。

2. 盖·吕萨克定律

一定质量的稀薄气体，若压强保持不变，即 M_{mol}, M, p 一定时，则体积和温度成正比，有 $\dfrac{V}{T} = C$。

3. 查理定律

一定质量的稀薄气体，若体积保持不变，即 M_{mol}, M, V 一定，则压强和温度成正比，有 $\dfrac{p}{T} = C$。

4. 阿佛伽得罗定律

一定量的气体，若压强和温度相等，则体积也相等。在相同温度和压强的条件下，1 mol 任何气体体积都相等。

5. 理想气体状态方程

根据阿佛伽得罗定律总结稀薄气体的共同特性为

$$\frac{pV}{T} = C \tag{1-8}$$

将式（1-8）称为理想气体状态方程。取标准状况数值确定（1-8）式中的常数 C。

（1）摩尔气体常数（普适气体恒量）

在标准状况下 $p_0 = 1.01 \times 10^5 \text{ Pa}$，$T_0 = 273.15 \text{ K}$，对 1 mol 的气体而言，摩尔体积 $v_0 = 22.414 \times 10^{-3} \text{ m}^3 / \text{mol}$，则 $C = \dfrac{pV}{T} = \dfrac{p_0 V_0}{T_0} = v \dfrac{p_0 v_0}{T_0} = vR$。

其中摩尔气体常数也称普适气体恒量 $R = \dfrac{p_0 v_0}{T_0} = 8.31 \text{ J} / (\text{mol} \cdot \text{K})$。

（2）理想气体模型及物态方程

真实气体只有在稀薄的情况下才能满足理想气体状态方程，假设有一种气体在任何情况下都满足关系式 $\dfrac{pV}{T}=\nu R$，这种气体并不真实存在，所以称为理想气体。

例题 1-2　已知一个气球的体积为 $V=8.7\ \mathrm{m}^3$，充得温度 $t_1=15\ ℃$ 的氢气。当温度升高到 $37\ ℃$ 时，原有压强 p 和体积 V 维持不变，只是跑掉部分氢气，其质量减少了 $0.052\ \mathrm{kg}$。试求气球内氢气在 $0\ ℃$、压强为 p 下的密度 ρ 是什么？

解：令 $T_1=288\ \mathrm{K}$，$T_2=310\ \mathrm{K}$

由 $pV=\nu RT$，气体在两种条件下均满足，所以有

$$M_1=pVM_{\mathrm{mol}}/(RT_1)$$

$$M_2=pVM_{\mathrm{mol}}/(RT_2)$$

将 $M_1-M_2=0.052\ \mathrm{kg}$ 代入两式，得

$$pM_{\mathrm{mol}}=(M_1-M_2)RT_1T_2/[V(T_2-T_1)]$$

$0\ ℃$ 时，$T_0=273\ \mathrm{K}$

$$\rho=pM_{\mathrm{mol}}/(RT_0)=(M_1-M_2)T_1T_2/[VT_0(T_2-T_1)]=0.089\ \mathrm{kg/m}^3$$

三、混合理想气体的状态方程

若系统中包含几种不同种类的混合气体，对混合气体压强而言，满足道尔顿分压定律，有稀薄混合气体的总压强等于各组分的分压强之和。即

$$p=p_1+p_1+\cdots+p_n \tag{1-9}$$

分压强是指各组分单独存在时和混合气体在同温同体积的条件下产生的压强。该定律只适用于理想气体，带入理想气体状态方程则有

$$pV=(p_1+p_1+\cdots+p_n)V=p_1V+p_1V+\cdots+p_nV=\sum_i\frac{M_i}{M_{\mathrm{moli}}}RT=\sum_i\nu_iRT=\nu RT$$

引入平均摩尔质量 $\overline{M_{\mathrm{mol}}}$ 的概念

$$\overline{M_{\mathrm{mol}}}=\frac{M}{\nu} \tag{1-10}$$

则混合理想气体状态方程为

$$pV=\frac{M}{M_{\mathrm{mol}}}RT \tag{1-11}$$

选读——几种常用的温度计

1. 膨胀式温度计

膨胀式温度计一般选用液体作为测温物质，依据液体的热胀冷缩，用液体体积的变化来标定温度。

最常见的膨胀式温度计就是水银温度计。如图 1 所示水银温度计的主体结构是一个内径较细且均匀的玻璃管，玻璃管下端装有水银，玻璃管上端为真空。水银温度计的雏形是 1593 年意大利物理学家伽利略发明的测温计。他的第一支测温计是一根一端敞口，另一端带有核桃大玻璃泡的玻璃管。玻璃管插入水中，随着温度的变化，玻璃管中的水面上下移动从而判定温度的高低。随后，科学家在此基础上反复改进，做出突出贡献的有法国天文学家布利奥等。布利奥在 1659 年用水银作为测温物质，并缩小了玻璃泡的体积，制造出的温度计已比较接近现在水银温度计。在 1742 年瑞典天文学家摄尔修斯制定了摄氏温标。由于摄氏温标的测温原理采用的是一次函数，所以摄氏温标有两个标准温度点，一个为水的冰点定为 0 ℃，另一个为水的汽点定为 100 ℃，就形成为大多数国家使用的摄氏温度。

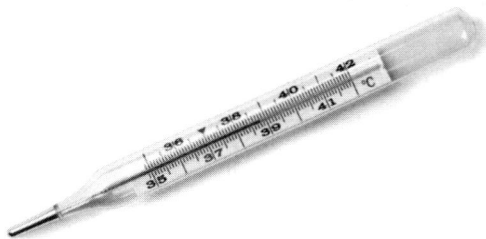

图 1　水银温度计

2. 电阻温度计

以金属的电阻率随温度的变化为原理制造的温度计为热电阻温度计。1821 年，德国物理学家塞贝克发现了热电效应，同年，英国物理学家戴维发现了金属电阻随温度变化的规律。随后，就出现了热电阻温度计和热电偶温度计。1876 年，德国西门子制造出第一支铂电阻温度计。电阻温度计分为金属电阻温度计和半导体电阻温度计。金属温度计主要用化学稳定性好，熔点高的铂、金、铜等纯金属制作；半导体温度计主要用碳等制作。半导体的电阻随温度的降低急速增大，低温下半导体电阻温度计比铂电阻温度计灵敏度高得多，因此半导体温度计常用于低温测量。

3. 温差电偶温度计

该温度计是利用温差电现象制造而成。把两种不同的金属丝焊接起来形成工作端，另外两端与测量仪表连接，形成电路。让工作端与被测物体相接触，工作端温度与自由端温度不同时，就会出现电动势。用电位差计测出电动势，如果该电动势与温差之间的关系事先已经标定，那么根据测量的电动势，就可以得出待测物体的温度了。温差电偶温度计造价低廉，使用简单方便，测温范围大，因此，被广泛应用于工业生产中。

4. 红外温度计

在自然界中，一切温度高于绝对零度的物体都在不停向外发射红外线。红外线能量及其按波长的分布与物体的表面温度有关。因此，可以通过测量物体向外辐射的红外线能量标定温度，以此原理制造的温度计为红外温度计。红外温度计由光学系统、光电探测器、信号处理器及显示输出等部分构成。由于红外温度计具有非接触测温、相应时间快、使用安全等优点，被广泛应用于产品质量监测、设备安全保护等生产过程中。

简答题

1.1 简述热力学系统的分类及定义。

1.2 热力学系统处于平衡状态有何特征？当气体处于平衡状态时还有分子热运动吗？热学中的平衡与力学中所指的平衡有何不同？

1.3 简述热力学第零定律及其与温度定义的关系。

1.4 简述温度的科学定义。

1.5 简要叙述建立经验温标的三个步骤及经验温标的测温缺点。

1.6 一般气体温标和理想气体温标的测温原理是什么？优缺点有哪些？

1.7 理想气体状态方程是基于哪几个实验定律建立的？

1.8 水银气压计中上面空着的部分为什么要保持真空？如果混进了空气，将产生什么影响？能通过刻度修正这一影响吗？

计算题

1.1 一定体气体温度计在水的三相点是压强值 $p_{tr} = 2 \times 10^4 \ \text{Pa}$，利用这一温度计测量待测物体温度时，测温泡中气体的压强值为 2.5×10^4 Pa，则待测物体温度为多少？

1.2 一体积为 500 mL 的容器内装有一定量的氢气，当温度为 27 ℃ 时，压强为 1 标准大气压，问此时氢气的质量和密度分别是多大？

1.3 水银气压计中混进了空气泡。当真实气压值为 106.4 kPa 时，该水银气压计示数为 103.74 kPa，而此时水银面到管顶的距离为 60 mm。求当气压计示数为 99.75 kPa 时，实际的气压是多少？

第2章　热力学第一定律和内能

大单元教学设计的核心环节

（一）单元教学内容解读

热力学的基本问题就是热量和功的相互转化的问题。结合实际情境，该问题也可表述为"如何提高蒸汽机的热效率"。热力学就是围绕这一基本问题展开研究的。热力学第一定律研究的是热功转化的数量关系，热力学第二定律开尔文表述研究的是热功转化的条件。

热量和功的相互转化总是在某一过程中完成的。本章第一个内容就是介绍热力学的基本过程——平衡过程。接着用力学中机械功的概念定义了平衡过程中的体积功，在体积功定义的基础上给出了什么是态函数内能。随后，基于内能定义了热量。

若某一过程同时存在热量、功和内能三种能量形式的相互转化时，热量、功和内能增量之间的数量关系就是包含热现象在内的能量转化与守恒定律，即热力学第一定律。热力学第一定律的一般形式适用于任何系统、任何过程、任何形式的功，唯一要求是始末状态为平衡状态。当系统为理想气体时，内能和热容有特殊的性质，从而可以得到理想气体平衡过程的热力学第一定律。

将此形式应用于理想气体的等体过程、等温过程、等压过程和绝热过程，可以得到理想气体准静态等值过程的热力学第一定律的特殊形式。

要不断地将热量转化为功，只能通过循环过程才能实现。最后本章以理想热机的卡诺循环为例介绍了正循环和逆循环。研究了热机的热效率和致冷机的致冷系数的问题。最后，基于卡诺循环的热效率公式，从理论上给出提高热机热效率的途径，并给出热力学第一定律限制下的热效率取值范围为 $\eta \leqslant 1$。

（二）需要思考的基本问题

引领性问题：热力学系统热功转化的数量关系是什么？

问题一：热学主要是研究什么过程的？

问题二：热力学第一定律中的三个物理量功、内能和热量的定义和内涵是什么？

问题三：热力学系统热功转化的数量关系即热力学第一定律的内容和实质是什么？

问题四：理想气体的内能和热容有什么特殊性质？

问题五：热力学第一定律在理想气体的等值过程中具体形式是什么？

问题六：什么是循环过程？

问题七：正循环和逆循环的作用分别是什么？

问题八：什么是卡诺循环？卡诺循环对提高热机的热效率有什么启示？

问题九：热力学第一定律对热效率的取值有什么约束？

通过力学的学习，知道自然现象的发生一般总会伴随能量的转换，对热现象亦然。所以，从宏观的角度去研究热现象，首先应从能量的观点去讨论热力学系统的物态变化过程中的能量转化的关系和条件。能量的转换总是在一个过程中进行，所以本章先给出热力学系统过程的概念。

2.1　热力学系统的过程

一、平衡过程

当外界与系统有相互作用时，热力学系统的平衡状态会被破坏，热力学系统会发生从一个平衡状态到另一个平衡状态的转变过程，这种转变过程称为热力学过程或简称过程，即热力学系统的状态随时间的变化过程为热力学过程。

在热力学过程中，气体各部分的压强和温度往往不相同。例如急速推动活塞压缩汽缸内气体时，以系统所经历的任一状态为例，气体的体积、温度和压强往往都发生变化。靠近活塞的气体分子分布稠密一些，压强要大一些，温度也要高一些；远离活塞的气体分子分布稀疏一些，压强要小一些，温度也要低一些。前面介绍过，当一个不受外力的均匀系统处于平衡状态时，不仅所有的宏观性质不随时间变化，而且所有的宏观性质处处均匀一致，所以急速压缩气体时，系统所经历的中间状态不是平衡状态，把这种过程叫做非静态过程。非静态过程就是系统要经历一系列非平衡态的过程。

而在热力学中，为了能利用系统处于平衡状态时的性质或有关参量来研究过程的规律，引入准静态过程的概念。若一过程所经历的任何时刻，系统的状态都无限接近于平衡状态，则这样的过程就是准静态过程，也称平衡过程。准静态过程是一连串依次变化的平衡状态所组成的过程。

二、准静态过程的条件

明显可知，准静态过程是一个理想模型。绝对的准静态过程是不存在的。当实际过程进行的无限缓慢时，各时刻系统的状态就能无限接近于平衡状态，这种过程就可以近似看作是准静态过程。这里所说的"无限"是相对意义上的概念。要理解它还要定义弛豫时间。

系统由非平衡态达到平衡态的过程，叫弛豫过程；系统的弛豫过程所需要的时间称为弛豫时间。系统的弛豫时间与过程类别和系统尺度有关。在一个实际过程中，如果系统的状态发生一个可以被测知的微小变化时间比弛豫时间长得多，那么在任何时刻去观察该系统时，系统都有充分的时间达到平衡。这种过程就可以认为是进行的无限缓慢的过程，就可以看成是准静态过程。例如汽缸内处于平衡状态的气体受到压缩后再达到平衡状态所需的时间，即弛豫时间大约是 0.001 s。如果在实验中压缩一次所需的时间是 1 s，压缩一次的时间就是弛豫时间的 1000 倍。那么，气体所经历的压缩过程就可以认为是无限缓慢的过程即准静态过程。

以系统升温过程为例，将系统的温度由 T_1 升高到 T_2。如果温度为 T_1 的系统直接与温度为 T_2 的恒温热源相接触，最终温度升高到 T_2。这一温度升高的过程明显不是准静态过程。原因是考察温度升高过程所经历的一系列状态时，发现每一状态系统内都存在温差。与热源离得近的区域温度要高一些，与热源离得远的区域温度要低一些。不满足不受外力的均匀系统处于平衡状态时的处处均匀一致的要求。要实现准静态的升温过程，重点是克服过程中所经历的每一个状态的系统内的温差问题。所以，要实现准静态的温度升高过程，必须准备无数个中间的恒温热源，这些恒温热源的温度依次是 $T_1 + \mathrm{d}T, T_1 + 2\mathrm{d}T, \cdots T_2 - \mathrm{d}T, T_2$。让系统依次与每一个恒温热源相接触，直至最终系统温度升高到 T_2 为止。整个过程如图 2.1 所示，这一过程由无数个微小升温过程构成，每一个微小过程中，系统内温差最大为 $dT \rightarrow 0$。这样就可以认为，每一微小过程所经历的每一个状态都是平衡状态，而每一微小过程就是准静态过程。当然，由无数个微小的准静态过程组成的由 T_1 升温到 T_2 的过程就是准静态过程。

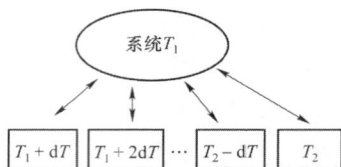

图 2.1　准静态吸热过程

三、平衡过程的几何特征

对于一定质量的理想气体，3 个状态参量 p、V、T 中只有两个是独立的，所以任意给定 2 个参量的量值，气体的状态就被唯一的确定了。如图 2.2 所示，对于简单系统而言，如果以 p、V 作为独立变量时，$p-V$ 图上每一个点都表示一个平衡状态。准静态过程是由平衡状态组成的，每一平衡状态都具有确定的状态参量值。所以，系统的准静态变化过程可用 $p-V$ 图上的一条连续曲线表示，称为过程曲线。非平衡态不能用一定的状态参量来描述，当然在 $p-V$ 图上也不能用一点表示出非平衡态，所以非静态过程就不能用 $p-V$ 图上的一条曲线表示。

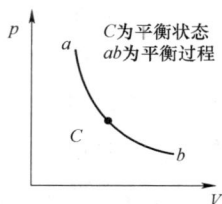

图 2.2　准静态过程

2.2　功内能热量

热力学系统和外界相互作用的方式有做功和热传递两种。热量和功都是系统能量变化的量度，它们之间的关系由热功当量给出 $1\,\text{cal} = 4.186\,\text{J}$，但这两种方式在产生机制上是有区别的。以下首先对准静态过程中的功进行讨论。

一、体积功

力学中，功的基本定义为 $A = \int_a^b \boldsymbol{F} \cdot d\boldsymbol{r}$，但在具体问题中有各自对应的形式。

对气体，讨论准静态过程中的体积功很有意义。把系统经历一个无限小的状态变化过程称为元过程，系统在体积发生无限小变化的元过程中所作的功为元功。如图 2.3 所示，当系统经历一准静态过程，使体积由 V_1 增大到 V_2，在该过程的任一元过程中，系统压力所作的元功 $dA = \boldsymbol{F} \cdot d\boldsymbol{l} = pSdl = pdV$，式中 S 为活塞面积，则当系统体积由 V_1 增大到 V_2 时，系统对外所作的体积功为

$$A = \int_{V_1}^{V_2} pdV \qquad\qquad (2\text{-}1)$$

下面关于体积功做几点讨论。

1. 功的几何意义

根据体积功的定义式可知，体积功为一个定积分。所以可以借助 $p-V$ 图去体现体积功。根据定积分的几何意义可知，$p-V$ 图中 V_1 到 V_2 之间的 $p(V)$ 曲线与 V 轴所包围的面积，就是该准静态过程中的体积功，如图 2.4 所示。

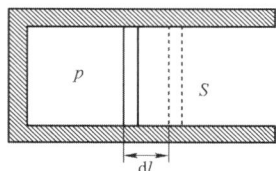

图 2.3　气体系统的体积功

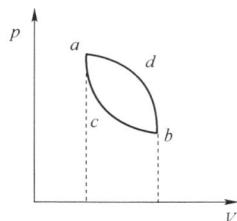

图 2.4　体积功的几何意义

2. 功的正负

曲线与横坐标所包围的面积可正可负，当面积为正时，系统对外界做正功；当面积为负时，系统对外界做负功。由式（2-1）可知，当系统体积增大即系统膨胀时，$dV > 0$，则 $dA > 0$，说明系统对外界做正功，热运动转化为机械运动；当系统体积变小即系统被压缩时，$dV < 0$，则 $dA < 0$，说明系统对外界做负功，机械运动转化为热运动。

3. 功是过程量

功不是表征系统状态的量，而是与过程有关的过程量。由图 2.4 可见，从同一初始状态 a，沿不同的过程，到同一末了状态 b，系统对外所做的功是不同的。所以功是过程量，正因为功是过程量，所以在式（2-1）中，积分的上下限一定不能写成由 A_1 积到 A_2。

4. 压力的功与系统对外输出功的关系

在不考虑摩擦力的情况下，压力的功就是系统通过活塞对外所输出的功；在考虑摩擦力的情况下，压力的功一部分还要用来反抗摩擦力做功，所以压力的功就大于系统对外输出的功。

5. 系统对外界的功与外界对系统的功的关系

显然，系统对外界即活塞的力与活塞对系统的力是一对作用力和反作用力，两者大小相等，方向相反，同时作用在活塞上。所以，这一对作用力和反作用力的功是一对相反数。而式（2-1）中的功为系统对外界的功。

例题 2-1 已知热力学系统在某一准静态过程中满足 $pV^\gamma = C$ （其中 γ 为常数）。设压强由 p_1 到 p_2，体积由 V_1 到 V_2。求该过程中系统所作的功。

解：由 $pV^\gamma = C$，所以

$$A = \int_{V_1}^{V_2} p\,\mathrm{d}V = \int_{V_1}^{V_2} \frac{C\mathrm{d}V}{V^\gamma} = p_1 V_1^\gamma \int_{V_1}^{V_2} \frac{\mathrm{d}V}{V^\gamma} = \frac{1}{1-\gamma}(p_2 V_2 - p_1 V_1)$$

例题 2-2 如图所示已知系统进行某循环过程的过程曲线为 $ACBA$。求此过程系统所作的功。

解：利用体积功的几何意义求解，可得

体积功 $\qquad A = \dfrac{1}{2}|AB| \cdot |BC| = 100\ \mathrm{J}$

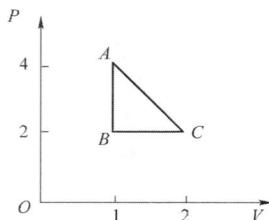

例题 2-2 图

二、内能

对机械运动系统做功，改变了机械能；对热力学系统做功，则内能发生了改变。以下结合焦耳绝热过程做功实验建立内能概念。

1. 绝热过程做功实验

为了精确测定热运动和机械运动之间的转化关系，焦耳在 1840—1879 年间进行了大量的实验。其中焦耳的绝热过程做功实验为态函数内能的引入奠定了实验基础。

实验设计为将系统放置在有良好绝热性能的包壳内，通过不同方法给系统做绝热功，使系统从温度为 T_1 的平衡态到达温度为 T_2 的平衡态。比如可以作机械功如通过叶片搅拌给系统做功或作电功如给系统通电流。大量实验表明在绝热情况下，各种的做功过程中当系统从相同的初始状态变到相同的末了状态时，实验所测得的功的数值都相同。

2. 结论

通过焦耳的绝热过程做功实验说明，绝热功数值与实施绝热过程做功的途径无关，只由系统的始末状态决定。由此知道，任何一个热力学系统都存在一个依赖于内部运动状态的态函数，且这个态函数的增量和绝热功是联系

在一起的，这个态函数就是内能。

3. 内能的宏观定义

通过绝热功给出内能的定义。当系统对外界做绝热功时即 $A > 0$ 时，内能是减小的；当外界对系统做绝热功即 $A < 0$ 时，内能反而会增加。所以，态函数内能增量的负值等于系统对外做的绝热功。

$$A = -\Delta U = -(U_2 - U_1) \tag{2-2}$$

以上是内能的宏观定义。在理解内能的时候需要注意以下几个问题。

（1）内能是状态量，只和系统的状态有关，即内能 $U = U(T,V)$ 或 $U = U(p,V)$ 或 $U = U(p,T)$。而内能增量为 $\Delta U = \int_{U_1}^{U_2} \mathrm{d}U = U_2 - U_1$。

关于状态函数：① 状态函数的改变量只决定于始末状态，而与变化过程无关，对状态函数我们有 $\Delta x = \int_{x_1}^{x_2} \mathrm{d}x = x_2 - x_1$；② 状态函数微分为全微分，全微分的积分与积分路径无关。

（2）和势能一样，内能是只具有相对意义的物理量，其绝对值无法预测。只有在规定内能参考点后，才能确定另一状态内能。此时，内能是系统状态的单值函数。

（3）从微观角度来讲，系统的内能是系统内分子的动能、相互作用的势能、分子内原子间的振动势能及原子和原子核内各种形式能量的总和。

三、热量

1. 热量的本质

温度和热量的区别是人们一直在探索的问题。最初有人认为温度计测量的就是热量，表观以温度来体现。并提出等体积的任何物质，在相同的温度变化下都吸收和放出同样数量的热。但实验中等体积的100 ℃的水和150 ℃的水银混合后，混合物的温度不是125 ℃而是120 ℃，这被称为布尔哈夫疑难。英国化学兼物理学家布莱克解决了这一疑难问题，明确提出了该问题出现的症结是在于把"热的强度"和"热的数量"搞混了。他断言同重量的不同物质，当对应同一温度变化量时，热量是不同的。后来，由他的学生正式提出热容和比热的概念，并从物态变化的实验中提出潜热的概念。

在区分了温度与热量之后，那么热量的本质到底是什么呢？关于热的本质，历史上存在两种观点，热质说和热动说。热质说认为热是一种特殊的物质，热质由没有重量的粒子组成，可以从一个物体流向另一个物体，其数量是守恒的。支持这种观点的科学家有伽利略等；热动说认为热是微观粒子运动的表现。它可由物体的机械运动转化而来。主张者有培根、胡克、牛顿、笛卡尔等。

对热质说提出挑战的有英国物理学家伦福德和化学家戴维。两人由摩擦生热现象及两块冰摩擦融化实验，提出"热现象的直接原因是运动"。但由于当时人们对物质的微观结构还很不清楚，又由于布莱克在量热学方面的成就加强了人们关于"热量守恒"的信念。因此从 18 世纪 80 年代起，热质说盛行不衰，直到英国物理学家焦耳给出热功当量的值直接促成能量转化与守恒定律的确立后，热质说才不攻自破。

焦耳关于热功当量的实验指出，热量本质上是传递给一个物体的能量，它以分子热运动的形式储存在物体中。热量不仅和系统的始末状态有关，还和中间过程有关。只有当两物体存在温差接触时，才发生热传递。

2. 热量的定义

热量就是在不做功的纯传热过程中系统内能变化的量度。

$$Q = U_2 - U_1 \tag{2-3}$$

3. 功与热量的区别

功和热量的相同点有两者都是使系统内能发生变化的方式，都是过程量。功和热量是系统分别在绝热过程和无功变化过程中内能变化的量度。两者的区别在于功与宏观位移相联系，宏观位移代表的是大数分子整体的运动。所以它的实质是热运动形态与其他运动形态之间相互转化的能量，而热量是热运动形态内部能量的转移过程，没有运动形态的转化。

2.3 热力学第一定律

一、能量转化和守恒定律

能量是物理学中最基本最重要的概念之一。总结人类对各种形式能量的认识过程，有这样几个飞跃式发展的成果。能量思想的萌芽最早可以追溯到伽利略时代。伽利略在研究斜面和摆的问题时，发现下落的物体有可能回到原来的高度，但绝对不会比原来的高度更高。最早认识到的能量是动能，荷兰物理学家惠更斯在研究碰撞问题时，认识到碰撞前后物体的质量和速率平方的乘积不随时间发生变化，这一乘积直观反映了物体机械运动的能力；1807年，英国物理学家托马斯·杨引入"运动物体的能量"，定义为物体的质量与速率平方乘积的一半，即现在的动能概念。到 18 世纪，机械能守恒定律已被获得并被应用于力学问题中。随后，根据能量转化的关系，逐渐认识到各种能量的形式，包括热能、电能等。而后认识到的是势能。当高处物体从静止下落后开始具有动能。思考动能从何而来这一问题，从动能的来源认识到与位置对应的势能；物体既不增加动能，又不增加势能，只是摩擦后温度升高了。由焦耳的热功当量确认热量也是一种能量形式；电流通过导体产生热量，能量从何而来？由焦耳的电热当量确定了电能；爆竹爆炸，动能从何而来？认识了化学能；潜伏的猎豹能猛扑眼前掠过的小动物，能量从何而来？认识了生物能；原子核静止裂变后放出巨大的能量，认识了核能。

　　人们对能量认识的最大价值不在于认识到不同能量的形式，而在于认识到不同能量的形式可进行相互转换，以及在转换时的守恒性。物理学发展到19 世纪 40 年代，已为能量守恒定律的建立做好了奠基工作。对能量守恒定律的确立做出主要贡献的包括德国物理学家迈耶和赫姆霍兹及英国物理学家焦耳。焦耳的热功当量实验是能量守恒定律的实验基础。赫姆霍兹于 1847 年系统地论述了能量守恒定律。他指出自然界中各种不同形式的能量都能够从一种形式转化为另一种形式，由一个系统传递到另一个系统，在转化和传递的过程中总能量守恒。这样，最初由发过物理学家笛卡尔提出的自然界运动不变思想最终体现为能量转化与守恒定律。

　　能量守恒定律解释了自然科学的内在一致性。它的建立，不是简单的实验归纳，而是以社会实践为基础，基于猜想和分析后上升到思想的高度才形成的。

二、热力学第一定律

　　下面，基于能量转化和守恒定律来研究热力学过程。当热力学系统与外界既发生功形式的能量交换外，还有热传递的作用，在此过程中系统由初始平衡态到达末了平衡态，则系统吸收的热量 Q 就等于系统内能的增量 ΔU 与系统对外界做功 A 之和，即系统所吸收的热量 Q 一部分用来对外做功 A，另一部分用来使系统的内能 U 升高。所以有

$$Q = \Delta U + A \tag{2-4}$$

在理解热力学第一定律的过程中，需要注意以下问题。

1. 定律中所有物理量的单位必须一致，比如都用国际单位制的单位焦耳。

2. 热力学第一定律数学表达式的具体形式并不唯一，它的具体形式取决于热量 Q、功 A 和内能增量 ΔU 这些物理量正负号的规定。式（2-4）这种形式的热力学第一定律中各物理量的符号规定为系统吸热时热量 Q 为正，放热时热量 Q 为负；系统对外做功时 A 为正，外界对系统做功时 A 为负；系统内能升高时，内能增量 ΔU 为正，反之为负。

3. 系统经历一无限小的元过程，系统所吸收的热量 dQ 一部分用来对外做功 dA，另一部分用来使系统的内能 U 升高，有

$$dQ = dU + dA \tag{2-5}$$

式中 dQ 和 dA 是元过程中热量和功的微小量，而 dU 是内能 U 的微小变化量，也就是内能 U 的微分。物理意义完全不同，这是由于热量和功是过程量，内能是状态量产生的。

4. 热力学第一定律虽然表明了热与功相互转换的数量关系，但必须明确热量与功的转换不是直接进行的。热量与功的相互转化是通过内能变化实现的。

5. 式（2-4）形式的热力学第一定律对任何物质、任何过程、任何形式的功都成立，唯一条件是初始状态和末了状态是平衡态。式（2-4）中的热力学第一定律适用于始末状态为平衡态的任何过程。

6. 热力学第一定律从本质上来说就是包含热现象的能量转化和守恒定律。历史上，曾有人幻想制造出一种不消耗任何能量，但却能不断对外输出功的机械，这种机械被称为第一类永动机。通过热力学第一定律知道，第一类永动机是不可能制造出来的。能量以机械功作为统一的量度标准。能量守恒定律可表述为"第一永动机不可能制成"。

2.4　理想气体的内能、热容和焓

为了应用热力学第一定律分析理想气体各种过程，先讨论一下理想气体的几个特殊性质。

一、理想气体的内能

对于一般系统而言，内能是状态的函数，一般可由温度和体积决定。1845年，焦耳设计了一个气体向真空自由膨胀实验，研究了稀薄气体的内能与体积的关系。

将图 2.5 中的实验装置放入恒温的液体中。A 容器充一定量的气体，B 容器抽成真空。随后，打开阀门 C，气体迅速由 A 容器扩散到 B 容器。这样的气体体积膨胀过程叫做气体向真空自由膨胀过程。分析自由膨胀过程，首先可以从状态参量变化的角度入手，因为设备放置于恒温液体中，所以过程前后系统的温度 T 不变。所以在体积 V 增大的情况下，压强 p 肯定是减小的。

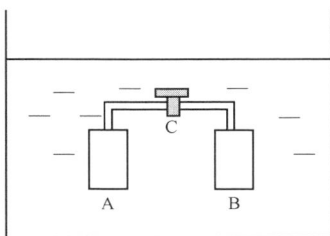

图 2.5　焦耳的气体向真空自由膨胀实验

还可以从热力学第一定律包含的三种能量形式的角度入手分析。在该过程中，虽然体积要膨胀，但是由于是向真空膨胀，所以气体体积膨胀过程中不受外界阻力作用，因此这种体积膨胀是自由的，所以系统在这种体积膨胀过程中不需要对外做功；又由于自由膨胀过程进行的非常迅速，迅速到气体来不及与外界发生热量交换过程就结束了，所以该过程中系统与外界的热量交换也为零。

1. 实验结果：温度 T 不变，体积 V 和压强 p 改变。因为一般的系统内能 $U = U(V,T)$，意味着当温度 T 不变，体积 V 变化的情况下，内能 U 一定要变化。

2. 推理分析：根据热力学第一定律，当自由膨胀过程中 $A = 0$，且 $Q = 0$ 时，必定有 $\Delta U = 0$。

3. 结论：两种分析的结果出现了矛盾，解决这一矛盾的唯一方法就是认定稀薄气体即理想气体内能 U 是温度 T 的单值函数，即

$$U = U(T) \tag{2-6}$$

这一规律叫做焦耳定律。

二、理想气体的热容

在热学中，系统与外界的相互作用，除了"功相互作用"外，还有"热相互作用"，即系统与外界发生了热传递。通常热传递是因为温度差异引起的，但传递的热量不仅与温度差有关，还与另外一个与热有关的物理量——热容有关。

1. 热容、比热容、摩尔热容

不同物体在不同过程中温度升高 1 K 时，所吸收的热量一般是不同的，为表明这一特点，引入热容的概念。热容 C 即物体温度升高 1 K 时所吸收的热量，单位为 J/K。即

$$C = \frac{\text{d}Q}{\text{d}T} \tag{2-7}$$

热容不仅与过程类别有关系，还和物质的多少有关系。同一种物质，但质量不同的话热容也是不同的。因此，建立与物质的多少没有关系但与热交换有关的物理量，即比热容和摩尔热容的概念。

比热容的定义是单位质量某种物质升高（或降低）单位温度时所吸收（或放出）的热量，单位为 J/（kg·K）；而摩尔热容是 1 mol 物质温度升高（或降低）单位温度时所吸收（或放出）的热量，单位为 J/（mol·K）。比热容 c 的定义为

$$c = \frac{\text{d}Q}{\text{d}T \cdot M} = \frac{C}{M} \tag{2-8}$$

摩尔热容 C_{m} 的定义为

$$C_{\text{m}} = \frac{\text{d}Q}{\text{d}T \cdot \nu} = \frac{C}{\nu} \tag{2-9}$$

M 为物体的质量，ν 为物质的量。物质的热容是物质重要的热性质之一，热容在不同的过程中具有不同的数值。因此，一种物质可以有不同的热容数值。在热学中，最常用的是摩尔定容热容 $C_{V,\text{m}}$ 和摩尔定压热容 $C_{p,\text{m}}$。在式（2-9）中，将过程限制为等体过程及等压过程，将 $\text{d}Q$ 限制为 $(\text{d}Q)_V$ 及 $(\text{d}Q)_p$ 就可以得到摩尔定容热容和摩尔定压热容的定义式，结果如式（2-10）及式（2-11）所示。

$$C_{V,\text{m}} = \frac{1}{\nu} \frac{(\text{d}Q)_V}{\text{d}T} = \frac{1}{\nu} \left(\frac{\text{d}Q}{\text{d}T} \right)_V \tag{2-10}$$

$$C_{p,\mathrm{m}} = \frac{1}{\nu} \frac{(\mathrm{d}Q)_p}{\mathrm{d}T} = \frac{1}{\nu}\left(\frac{\mathrm{d}Q}{\mathrm{d}T}\right)_p \qquad (2\text{-}11)$$

2. 理想气体的 $C_{V,\mathrm{m}}$ 与 $C_{p,\mathrm{m}}$ 的关系

取 1 mol 理想气体，由于等体过程中 $\mathrm{d}A = 0$，所以等体过程中有 $(\mathrm{d}Q)_V = \mathrm{d}U$，则 $C_{V,\mathrm{m}} = \frac{1}{\nu}\left(\frac{\mathrm{d}Q}{\mathrm{d}T}\right)_V = \frac{1}{\nu}\frac{\mathrm{d}U}{\mathrm{d}T}$；在等压过程中有 $(\mathrm{d}Q)_p = \mathrm{d}A + \mathrm{d}U$，利用等压过程中 $\mathrm{d}A = p\mathrm{d}V = R\mathrm{d}T$，可以得到摩尔定压热容 $C_{p,\mathrm{m}}$ 和摩尔定容热容 $C_{V,\mathrm{m}}$ 的关系——迈耶公式，结果如（2-12）式所示。

$$C_{p,\mathrm{m}} = C_{V,\mathrm{m}} + R \qquad (2\text{-}12)$$

迈耶公式表明，理想气体的摩尔定压热容 $C_{p,\mathrm{m}}$ 较摩尔定容热容 $C_{V,\mathrm{m}}$ 大一恒量 R。意味着，在等压过程中温度升高 1 K 时，1 mol 的理想气体要多吸取 8.31 J 的热量，用来转换为膨胀时对外所做的功。

三、理想气体的焓

等压过程是一种比较普遍的过程。例如许多化学反应都是在大气均匀压强下进行的，为了便于计算等压过程中传递的热量，引进了一个热力学函数焓。在等压过程中体积功的形式可写为 $A = p(V_2 - V_1)$，所以等压过程中热量可写为 $Q_p = (U_2 - U_1) + p(V_2 - V_1) = (U_2 + pV_2) - (U_1 + pV_1)$，引入焓 $H = U + pV$，那么，等压过程中的热量与焓的关系为 $Q_p = H_2 - H_1$。对等压元过程而言，有 $(\delta Q)_p = \mathrm{d}H$，即系统所吸收的热量等于系统态函数焓的增量。而定压摩尔热容也可以写为

$$C_{p,\mathrm{m}} = \frac{1}{\nu}\left(\frac{\mathrm{d}Q}{\mathrm{d}T}\right)_p = \frac{1}{\nu}\left(\frac{\partial H}{\partial T}\right)_p \qquad (2\text{-}13)$$

比较态函数内能 U 和焓 H，可知：

1. 两者都是态函数，由系统的状态决定，都是广度量，绝对值都无法预测；热力学量可以分为广度量和强度量；强度量的数值取决于物质本身特性，与物质的数量无关，如温度、压强、密度；广度量的数值与物质的数量成正比，如质量、内能。对理想气体也有，理想气体的焓是温度的单值函数即 $H = f(T)$。

2. 内能的改变等于绝热过程的功或等于无功过程的热量；焓的改变等于

等压过程中的热量。

2.5 热力学第一定律对理想气体几种典型过程的应用

讨论理想气体的准静态过程，具有一定的现实意义。因为在热动力设备中，多数是通过气体的一系列热力学过程来实现热功转换的，而气体进行的各种过程可近似地可看成是理想气体的准静态过程。

一、准静态等体过程

等体过程就是系统体积 V 始终保持不变的过程，也就是在等体过程中 $V = c$ 或 $dV = 0$。因为体积 V 不变，所以等体过程中体积功为零，即等体过程中特征：$\text{đ}A = 0$ 或 $A = 0$。等体过程的过程方程由查理定律给出，所以在等体过程中压强 p 和温度 T 成正比，即等体过程的过程方程为 $\dfrac{p}{T} = C$。可以把过程方程表示在 $p-V$ 图中，称为等体线，如图 2.6 所示。

图 2.6　等体线

所以，在等体的元过程中有热力学第一律在等体过程中的微分形式

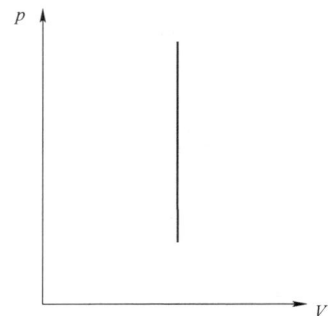

$$\text{đ}A = 0 , \quad (\text{đ}Q)_V = dU = \nu C_{V,\mathrm{m}} dT \tag{2-14}$$

在等体过程中热力学第一定律的形式为

$$A = 0 , \quad Q_V = \Delta U = \nu C_{V,\mathrm{m}} \Delta T \tag{2-15}$$

对等体过程做两点讨论。

1. 基于（2-15）式可得 $Q_V = \Delta U = \nu C_{V,\mathrm{m}} \Delta T$。热量 Q 加下标 V，意味着只有等体过程中的热量才可以令等式 $Q_V = \nu C_{V,\mathrm{m}} \Delta T$ 成立，其他过程的热量不能使用（2-15）式计算。但是 $\Delta U = \nu C_{V,\mathrm{m}} \Delta T$，却普遍适用于温度增量为 ΔT 的任何理想气体的准静态过程。这是因为理想气体的内能仅是温度的单值函数，当过程温度增量一定时，不管气体经历怎样的过程，内能增量的计算都可以 $\Delta U = \nu C_{V,\mathrm{m}} \Delta T$ 来完成。

2. 等体过程有两种，$p-V$ 图中等体线如果方向向上，为等体增压过程，根

据等体过程的过程方程 $\dfrac{p}{T}=C$，压强增大则温度升高，温度升高则 $Q_V=\Delta U>0$，说明等体增压过程，系统吸收热量用来使系统的内能增大；$p-V$ 图中等体线如果方向向下，为等体降压过程，根据等体过程的过程方程 $\dfrac{p}{T}=C$，压强降低则温度减小，温度减小则 $Q_V=\Delta U<0$，说明等体降压过程系统内能降低，对外放热。

二、准静态等温过程

等温过程就是系统温度 T 始终保持不变的过程，意味着在等温过程中，$T=c$ 或 $\mathrm{d}T=0$。因为温度不变，所以等温过程中内能的变化量为零，所以在中有 $\mathrm{d}U=0$ 或 $\Delta U=0$。等温过程的过程方程由玻意耳–马略特定律给出，即在等温过程中，压强 p 与体积 V 成反比，过程方程的形式为 $pV=C$。可以把过程方程表示在 $p-V$ 图中，称为等温线，如图 2.7 所示。

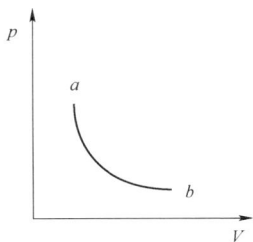

图 2.7　等温线

所以，在等温的元过程中有热力学第一定律在等温过程中的微分形式

$$\mathrm{d}U=0,\quad (\mathchar'26\mkern-12mu dQ)_T=\mathchar'26\mkern-12mu dA=p\mathrm{d}V \tag{2-16}$$

而等温过程的热力学第一定律的形式为

$$\Delta U=0,\quad Q_T=A=\int_{V_1}^{V_2}p\mathrm{d}V=\int_{V_1}^{V_2}\dfrac{\nu RT}{V}\mathrm{d}V=\nu RT\ln\dfrac{V_2}{V_1}=\nu RT\ln\dfrac{p_1}{p_2} \tag{2-17}$$

对等温过程做两点讨论。

1. 等温过程有两种，$p-V$ 图中等温线由 a 到 b，为等温膨胀过程。根据等温过程的过程方程 $pV=C$，体积增大则压强减小。系统体积膨胀则 $Q_T=A>0$，说明等温膨胀过程，系统吸收热量用来对外做功；$p-V$ 图中等温线由 b 到 a，为等温压缩过程。根据等温过程的过程方程 $pV=C$，体积减小则压强增大。系统体积减小则 $Q_T=A<0$，说明等温压缩过程，外界对系统吸做功，系统放热。

2. 虽然图 2.6 中只画了一条等温线，但其实一个温度对应一条等温线，所以等温线有无数条。系统一定时，温度越高等温线的位置越高。

三、准静态等压过程

等压过程就是系统压强 p 始终保持不变的过程,说明在等压过程中有 $p=c$ 或 $\mathrm{d}p=0$。等压过程的过程方程由盖-吕萨克定律给出,在等压过程中,体积 V 和温度 T 成正比,即过程方程为 $\dfrac{V}{T}=C$。可以把过程方程表示在 $p-V$ 图中,称为等压线,如图 2.8 所示。

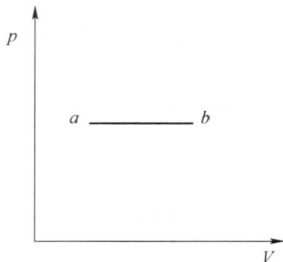

图 2.8 等压线

所以,在等压的元过程中有热力学第一定律在等压过程中的微分形式

$$(\mathrm{d}Q)_p = \mathrm{d}A + \mathrm{d}U = p\mathrm{d}V + \nu C_{V,\mathrm{m}}\mathrm{d}T \text{ 或 } (\mathrm{d}Q)_p = \nu C_{p,\mathrm{m}}\mathrm{d}T \qquad (2\text{-}18)$$

而等压过程的热力学第一定律的形式为

$$Q_p = A + \Delta U \qquad (2\text{-}19)$$

其中 $Q_p = \nu C_{p,\mathrm{m}}\Delta T$, $A = \int_{V_1}^{V_2} p\mathrm{d}V = p(V_2 - V_1) = \nu R(T_2 - T_1)$, $\Delta U = \nu C_{V,\mathrm{m}}\Delta T$。

等压过程也有两种, $p-V$ 图中等压过程若由 a 到 b,为等压膨胀过程。根据等压过程的过程方程 $\dfrac{V}{T}=C$,体积增大则温度升高。系统体积膨胀则 $A>0$,温度升高则 $\Delta U>0$,所以 $Q_p = (A+\Delta U)>0$。说明等压膨胀过程,系统吸收热量一部分用来对外做功,另一部分用来使系统内能增大; $p-V$ 图中等压过程若由 b 到 a,为等压压缩过程。根据等压过程的过程方程 $\dfrac{V}{T}=C$,体积减小则温度降低。系统体积减小则 $A<0$,温度降低则 $\Delta U<0$,所以 $Q_p = (A+\Delta U)<0$。说明等压压缩过程,外界对系统所做的功和系统内能的减少量都转化为热量被系统放出去了。

四、理想气体的绝热过程

系统与外界始终不交换热量的过程称为绝热过程,所以绝热过程中有 $Q=0$ 或 $\mathrm{d}Q=0$。严格来说,绝热过程在自然界是不存在的。在实际中,当一个过程进行的足够快,使得系统与外界来不及发生热量交换,这种过程可以近似看作是绝热过程。

在绝热的元过程中，有热力学第一定律的在绝热过程的微分形式

$$\mathrm{d}Q = 0 , \quad \mathrm{d}A = -\mathrm{d}U = -\nu C_{V,\mathrm{m}}\mathrm{d}T \tag{2-20}$$

而绝热过程中的热力学第一定律的形式为

$$Q = 0 , \quad A = -\Delta U = -\nu C_{V,\mathrm{m}}\Delta T \tag{2-21}$$

下面由热力学第一定律和理想气体状态方程出发，推导绝热过程方程。

由热力学第一定律的微分形式（2-19）式，得 $-p\mathrm{d}V = \nu C_{V,\mathrm{m}}\mathrm{d}T$。对理想气体状态方程 $pV = \nu RT$ 两边同时取微分，得 $p\mathrm{d}V + V\mathrm{d}p = \nu R\mathrm{d}T$。联立消去 $\mathrm{d}T$，得

$$(C_{V,\mathrm{m}} + R)p\mathrm{d}V = -C_{V,\mathrm{m}}V\mathrm{d}p \tag{2-22}$$

根据迈耶公式 $C_{V,\mathrm{m}} + R = C_{p,\mathrm{m}}$，且定义摩尔热容比或称比热容比

$$\gamma = \frac{C_{p,\mathrm{m}}}{C_{V,\mathrm{m}}} \tag{2-23}$$

式（2-21）变 $\dfrac{\mathrm{d}p}{p} + \gamma\dfrac{\mathrm{d}V}{V} = 0$，积分得 $\gamma\ln V + \ln p = C$，化为 $\ln pV^{\gamma} = C$，最后可得泊松方程为

$$pV^{\gamma} = C \tag{2-24}$$

将理想气体状态方程 $pV = \nu RT$ 带入式（2-23），可推得绝热方程的另外两个方程，形式为

$$V^{\gamma-1}T = C \tag{2-25}$$

$$p^{\gamma-1}T^{-\gamma} = C \tag{2-26}$$

式（2-23）～式（2-25）都是绝热过程的过程方程。

对绝热过程做几点讨论。

1. 将泊松方程体现在 $p-V$ 图中表示绝热过程，称之为绝热线。如图 2.9 所示，将绝热线与等温线都体现在同一 $p-V$ 图中，其中浅色曲线的为绝热线。下面用等温线和绝热线交点的斜率证明该结论。

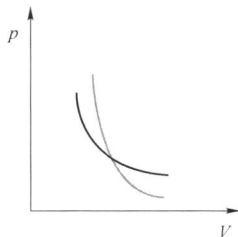

图 2.9　绝热线和等温线

由等温方程 $pV = C$，两边同时求微分可得 $p\mathrm{d}V + V\mathrm{d}p = 0$。由绝热方程 $pV^{\gamma} = C$，两边同时求微分可得 $p\gamma V^{\gamma-1}\mathrm{d}V + V^{\gamma}\mathrm{d}p = 0$。而

斜率 $K = \dfrac{\mathrm{d}p}{\mathrm{d}V}$，所以等温线在交点的斜率为 $K_T = -\dfrac{p_A}{V_A}$，而绝热线在交点的斜

率为 $K_Q = -\gamma \dfrac{p_A}{V_A}$。由于比热容比 γ 是大于 1，所以绝热线比等温线陡。

2. 绝热过程有两种，$p-V$ 图中绝热线向下的，为绝热膨胀过程。根据绝热线的变化规律可得，体积变大时压强变小。体积变大则 $A = -\Delta U > 0$，说明绝热膨胀过程系统对外做功而内能降低。内能降低则温度减小，即绝热膨胀过程使，系统的三个状态量同时都变化，且有 $V\uparrow \to p\downarrow \to T\downarrow$。$p-V$ 图中绝热线向上的，为绝热压缩过程。根据绝热线的变化规律可得，体积变小时压强变大。体积变小则 $A = -\Delta U < 0$，说明绝热压缩过程外界对系统做功使系统内能升高。内能升高则温度增大，即绝热压缩过程时，系统的三个状态量同时都变化，且有 $V\downarrow \to p\uparrow \to T\uparrow$。

3. 绝热过程中的功 $A = \displaystyle\int_{V_1}^{V_2} p\mathrm{d}V = \int_{V_1}^{V_2} \dfrac{p_1 V_1^{\gamma}}{V^{\gamma}}\mathrm{d}V = \dfrac{1}{\gamma-1}(p_1 V_1 - p_2 V_2)$。

例题 2-3 讨论下列三个过程中 $\Delta T, \Delta U, A, Q$ 的正负。

（1）等容降温过程；（2）等温压缩过程；（3）等压膨胀过程。

解：（1） $\Delta T < 0, \Delta U < 0, A = 0, Q < 0$

（2） $\Delta T = 0, \Delta U = 0, A < 0, Q < 0$

（3） $\Delta V > 0$，所以 $A > 0$

$\Delta V > 0$，根据等压过程的过程方程 $\dfrac{V}{T} = C$，得 $\Delta T > 0$，所以 $\Delta U > 0$

$$Q = A + \Delta U > 0$$

例题 2-4 质量 $2.8 \times 10^{-3}\,\mathrm{kg}$，压强 $1\,\mathrm{atm}$，温度 $27\ ^\circ\!\mathrm{C}$ 氮气。先等体增压至 $3\,\mathrm{atm}$，然后等温膨胀压强降至 $1\,\mathrm{atm}$。最后等压压缩体积压缩一半。求整个过程中 $\Delta U, A$ 和 Q，已知氮 $C_{V,\mathrm{m}} = \dfrac{5}{2}R$）

解：（1）求 ΔU，ΔU 与过程无关

$$\Delta U = \nu C_{V,\mathrm{m}}\Delta T = \nu C_{V,\mathrm{m}}(T_4 - T_1)$$

$$T_4 = \frac{3}{2}T_1$$

$$\Delta U = 312\,\mathrm{J}$$

（2）A 与过程有关

$$A_1 = 0$$

$$A_2 = \nu R T_2 \ln \frac{V_3}{V_2} = 823 \text{ J}$$

$$A_3 = \nu R (T_4 - T_3) = -374 \text{ J}$$

可得 $A = 449$ J

（3）Q 可由热力学第一定律求得

$$Q = A + \Delta U = 761 \text{ J}$$

五、多方过程

1. 定义：理想气体在一过程中若热容为常量，称为多方过程。

2. 多方过程的过程方程

设多方过程的热容为 $C_{n,\text{m}}$，由热力学第一定律，得 $dQ = dA + dU = p dV + \nu C_{V,\text{m}} dT$。由理想气体状态方程 $pV = \nu RT$，得 $p dV + V dp = \nu R dT$。由摩尔热容定义式得 $dQ = \nu C_{n,\text{m}} dT$。联立以上关系式消去 T，得 $\left| -C_{n,\text{m}} + (C_{V,\text{m}} + R) \right| p dV = -(C_{V,\text{m}} -) C_{n,\text{m}} V dp$，定义多方指数

$$n = \frac{C_{p,\text{m}} - C_{n,\text{m}}}{C_{V,\text{m}} - C_{n,\text{m}}} \tag{2-27}$$

得 $\dfrac{dp}{p} + n \dfrac{dV}{V} = 0$，即多方过程方程为 $pV^n = C$ 或 $p^{\frac{1}{n}} V = C$。

下面四个过程是多方过程的特例：

$n = 1$ 时为等温过程，$C_{\text{m}} = \infty$

$n = 0, dp = 0$ 时是等压过程，$C_{\text{m}} = C_{p,\text{m}}$

$n = \infty, dV = 0$ 时是等体过程，$C_{\text{m}} = C_{V,\text{m}}$

$n = \gamma, pV^\gamma = C$ 时是绝热过程，$C_{\text{m}} = 0$

3. 多方过程的功

$$A = \int_{V_1}^{V_2} p dV = \int_{V_1}^{V_2} \frac{p_1 V_1^n}{V^n} dV = \frac{1}{n-1} (p_1 V_1 - p_2 V_2) \tag{2-28}$$

2.6　循环过程

在日常生活和生产实践中，常常需要把热量不断转化为机械能来对外做

功。表面上看，理想气体的等温膨胀过程是最有利的，所吸收的热量可以完全转化为功，但是，只靠单纯的气体膨胀过程来作功的是不切实际的。因为汽缸的长度总是有限的，气体的膨胀过程就不可能无限制的进行下去，即使不切实际的把汽缸做的很长，最终当气体的压强减到与外界的压强相同时，也是不能继续对外作功的。十分明显，要持续不断的把热转化为功，只有利用循环过程，使工作物质从膨胀作功以后的状态，能回到初始状态，一次再一次的重复进行下去，并且必须使工作物质再返回初始状态的过程中，外界压缩工作物质所做的功少于工作物质在膨胀时对外所做的功，这样才能得到工作物质对外所做的净功。

一、循环过程

物质系统经历一系列的变化过程，又回到初始状态，这样周而复始的变化过程称为循环过程或简称循环。循环所包括的每个过程叫做分过程。这物质系统叫做工作物质，简称工质。

循环的几何特征是在 p-V 图上，工作物质的循环过程用一个闭合的曲线来表示。

由于工作物质的内能是状态的单值函数，所以经历一个循环，回到初始状态时，内能没有改变，这是循环过程的重要特征。循环的基本特征

$$\Delta U = 0 , \quad Q = A \tag{2-29}$$

二、正循环、热机及其效率

在 p-V 图上顺时针方向绕行的循环过程称为正循环。在实践中，利用正循环实现不断的把热转化为功，这种装置叫做热机。

对循环过程而言，完成一个循环 $Q = A$。以图 2.9 为例，adc 分过程中，系统体积变大，对外做功 A_1，$A_1 > 0$；bca 分过程中，系统被压缩，外界对系统做功，记为 A_2，$A_2 < 0$。完成一个循环后，$A = A_1 + A_2$，把这里的 A 称为净功。

很明显，在图 2.10 中，净功就是闭合曲线所包围的面积。对方程左侧的 Q 而言也是一样的，循环过程中有吸热的分过程，也有放热的分过程，把所有吸热分过程所吸收的热量的和称为总吸热，记为 Q_1；把所有放热分

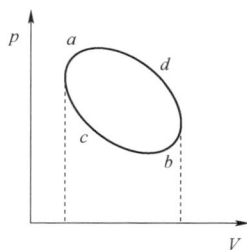

图 2.10 正循环

过程所放出的热量和的绝对值称为总放热的绝对值，记为 Q_2。这里的 Q 称为总热量，$Q = A = Q_1 + Q_2 > 0$。

衡量热机效能的重要指标是热机效率，即把吸收的热量转化为有用功的能力，更确切的说，热效率是指通过吸热的方式增加的内能有多少通过做功的方式转化为机械能。热效率的定义为

$$\eta = \frac{A}{Q_1} = 1 - \frac{Q_2}{Q_1} \tag{2-30}$$

热力学第一定律在正循环中的形式为 $A = Q = Q_1 + Q_2$，所以热力学第一定律限制净功和总吸热的关系为 $A \leqslant Q_1$，即热力学第一定律要求热效率的取值范围是 $\eta \leqslant 1$。

三、逆循环、致冷机及致冷系数

在 p-V 图上逆时针方向绕行的循环过程称为逆循环。在整个循环过程中，总效果是外界对系统做了功。实现的功能是使热量从低温物体传到高温物体。为了更好地理解逆循环，逆循环在卡诺循环中具体讲解。

四、卡诺循环

18 世纪末到 19 世纪初，蒸汽机的效率是很低的，只有 3%～5%，有 95% 以上的热能被浪费掉。因此如何改进热机，从理论上寻求提高热机效率的途径，就成为一个十分迫切问题。当时法国青年工程师卡诺提出了一种理想热机，这种理想热机的效率最高，它从理论上指明了提高热机效率的途径。

所谓理想热机，就是以理想气体作为工作物质，进行准静态的循环过程，在循环过程中只与一个高温热源和一个低温热源交换热量，且没有散热、漏气和摩擦等这种理想热机称为卡诺机，它的循环过程称为卡诺循环。

1. 卡诺循环热效率

下面具体分析卡诺循环的全过程。如图 2.11 所示，一定量的理想气体，装在具有底部传热的汽缸中，经历四个过程。（1）ab 等温膨胀过程：使汽缸底面与温度为 T_1 的高温热源接触，使气体作等温膨胀，吸热 $Q_{ab} = \nu R T_1 \ln \dfrac{V_2}{V_1} > 0$，从状态 $a(p_1, V_1, T_1)$ 变到状态 $b(p_2, V_2, T_1)$。（2）bc 绝热膨胀过程：把汽缸移置于绝热垫上，使气体作绝热膨胀，$Q_{bc} = 0$，从状态

$b(p_2,V_2,T_1)$ 变到状态 $c(p_3,V_3,T_2)$。（3）cd 等温压缩过程：把汽缸移置于温度为 T_2 的低温热源上，使气体作等温压缩，放热 $Q_{cd}=\nu RT_2\ln\dfrac{V_4}{V_3}<0$，从状态 $c(p_3,V_3,T_2)$ 变到状态 $d(p_4,V_4,T_2)$。（4）da 绝热压缩过程：把汽缸移置于绝热垫上，使气体作绝热压缩，$Q_{da}=0$，从状态 $d(p_4,V_4,T_2)$ 回到状态 $a(p_1,V_1,T_1)$。卡诺循环由两个等温过程和两个绝热过程组成。

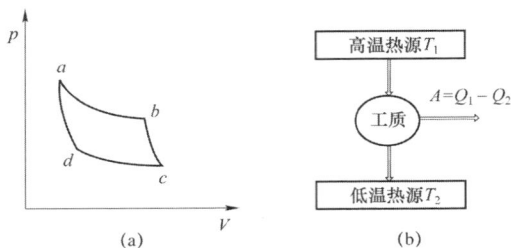

图 2.11　卡诺循环

现在来讨论卡诺循环的效率。上面已经指出，在卡诺循环中只有一次吸热和一次放热，等温膨胀过程吸热 Q_{ab}，等温压缩过程放出热量 Q_{cd}，有

$$\text{总吸热：}\quad Q_1=Q_{ab}=\nu RT_1\ln\frac{V_2}{V_1} \tag{2-31}$$

$$\text{总放热的绝对值：}\quad Q_2=\left|Q_{cd}\right|=\nu RT_2\ln\frac{V_3}{V_4} \tag{2-32}$$

由绝热方程得，$V_2^{\gamma-1}T_1=T_2V_3^{\gamma-1}$ 和 $V_1^{\gamma-1}T_1=T_2V_4^{\gamma-1}$，把两式左边项和左边项相除，右边项和右边项相除，得 $\left(\dfrac{V_2}{V_1}\right)^{\gamma-1}=\left(\dfrac{V_3}{V_4}\right)^{\gamma-1}$，即 $\dfrac{V_2}{V_1}=\dfrac{V_3}{V_4}$。

把上式代入（2-20）得 $Q_2=\nu RT_2\ln\dfrac{V_2}{V_1}$，所以

$$\eta=\frac{A}{Q_1}=1-\frac{Q_2}{Q_1}=1-\frac{T_2}{T_1} \tag{2-33}$$

分析上式可以得出以下结论。

（1）卡诺循环的热效率取决于高温热源和低温热源。高温热源温度越高，低温热源温度越低，热效率越高，这是提高热机效率的重要途径。

（2）因为高温热源温度不可能无限大，低温热源温度不可能低到绝对零度，因此热效率不可能达到 1，即不可能把从高温热源吸收的热量全部用来对

外作功，总有一部分热量要传递给低温热源。

2. 关于热源

在卡诺循环中，有两个等温过程和两个绝热过程。绝热过程因为与外界没有热量交换，所以完成这两个绝热过程不需要提供热源。但是，对两个等温过程而言，等温膨胀需要从外界吸收热量，等温压缩需要向外界放出热量，都需要有热源才能进行。而且，还要求两个分过程是准静态的吸热和放热过程，根据前面准静态过程的相关知识，可以知道，只有系统和热源温度相等实现吸热或放热，才能是准静态的吸热过程和放热过程。因而，在卡诺循环中，等温膨胀需要提供热源温度为 T_1，等温压缩需要提供热源，温度为 T_2。由于 $T_1 > T_2$，所以把 T_1 热源称为高温热源，把 T_2 热源称为低温热源。

3. 卡诺逆循环

当理想气体以状态 a 为起点，沿着与热机相反的方向作循环，形成卡诺逆循环。如图 2.12 所示，在卡诺逆循环中，四个分过程为（1）ad 绝热膨胀过程：$Q_{ad} = 0$，从状态 $a(p_1, V_1, T_1)$ 到状态 $d(p_4, V_4, T_2)$。（2）dc 等温膨胀过程：吸热 $Q_{dc} = \nu R T_2 \ln \dfrac{V_3}{V_4} > 0$，从状态 $d(p_4, V_4, T_2)$ 变到状态 $c(p_3, V_3, T_2)$，需要热源温度 T_2。（3）cb 绝热压

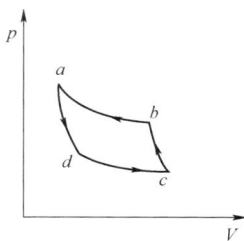

图 2.12　卡诺逆循环

缩过程：$Q_{cb} = 0$，从状态 $c(p_3, V_3, T_2)$ 变到状态 $b(p_2, V_2, T_1)$。（4）ba 等温压缩过程：放热 $Q_{ba} = \nu R T_1 \ln \dfrac{V_1}{V_2} < 0$，从状态 $b(p_2, V_2, T_1)$ 变到状态 $a(p_1, V_1, T_1)$，需要热源温度 T_1。同样由于 $T_1 > T_2$，所以我们把 T_1 热源称为高温热源，把 T_2 热源称为低温热源。

显然气体将从低温热源吸取热量 $Q_2 = Q_{dc} = \nu R T_2 \ln \dfrac{V_3}{V_4}$，又接收外界对气体所作的功 A'，同时向高温热源传递热量的绝对值 $Q_1 = |Q_{ba}| = \nu R T_1 \ln \dfrac{V_2}{V_1} = Q_2 + A'$。从低温热源吸取热量的结果，将使低温热源的温度降的更低，这就是制冷机的原理。完成这一循环是有代价的，就是外界消耗了功。

对于逆循环，热力学第一定律的形式依然为 $A = Q$，总热量为总吸热与总放热绝对值的差，对于逆循环显而易见为 $A = Q = Q_2 - Q_1 < 0$。意味着，对于

逆循环而言，净功是负值，这和制冷机工作原理一致。$Q_1 = Q_2 - A = Q_2 + |A|$，说明逆循环中，放到高温热源中的热量等于从低温热源中所吸收的热量与外界对系统所作的功的和。

制冷机的功效常用从低温热源中所吸取的热量和所消耗的外功的比值来解释，这一比值叫制冷系数。

$$\varepsilon = \frac{Q_2}{|A|} = \frac{Q_2}{Q_1 - Q_2} \qquad (2\text{-}34)$$

而卡诺制冷机的制冷系数为

$$\varepsilon = \frac{T_2}{T_1 - T_2} \qquad (2\text{-}35)$$

4. 热效率和制冷系数

热效率的取值范围是 $\eta \leqslant 1$，而制冷系数取值范围是 $\varepsilon > 1$。制冷系数大于是制冷机机械原理决定的，它大于 1 并不违反热力学第一定律。因为逆循环中，$A = Q = Q_2 - Q_1$。热力学第一定律只要求放到高温热源中的热量等于从低温热源中所吸收的热量与外界对系统所作的功的和，而并不能约束从低温热源吸收的热量和外界所作的功之间的大小关系。

例题 2-5 设有一个以理想气体为工质的热机，其循环如图所示，试证明其效率为

$$\eta = 1 - \gamma \frac{\dfrac{V_1}{V_2} - 1}{\dfrac{p_1}{p_2} - 1}$$

证明：ab 等体增压过程，$Q_{ab} = \nu C_{V,\mathrm{m}}(T_b - T_a) > 0$，吸热

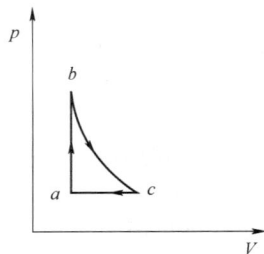

例题 2-5 图

bc 绝热过程，$Q_{bc} = 0$

ca 等压压缩过程，$Q_{ca} = \nu C_{p,\mathrm{m}}(T_a - T_c) < 0$，放热

总吸热 $Q_1 = Q_{ab} = \nu C_{V,\mathrm{m}}(T_b - T_a)$

总放热的绝对值 $Q_2 = |Q_{ca}| = \nu C_{p,\mathrm{m}}(T_c - T_a)$

$$\eta = 1 - \frac{Q_2}{Q_1} = 1 - \frac{\nu C_{p,\mathrm{m}}(T_c - T_a)}{\nu C_{V,\mathrm{m}}(T_b - T_a)}$$

将 $T_a = \dfrac{p_2 V_2}{\nu R}$，$T_b = \dfrac{p_1 V_2}{\nu R}$，$T_c = \dfrac{p_2 V_1}{\nu R}$ 代入上式

$$\eta = 1 - \frac{Q_2}{Q_1} = 1 - \frac{\nu C_{p,\mathrm{m}} \left(\dfrac{p_2 V_1}{\nu R} - \dfrac{p_2 V_2}{\nu R} \right)}{\nu C_{V,\mathrm{m}} \left(\dfrac{p_1 V_2}{\nu R} - \dfrac{p_2 V_2}{\nu R} \right)} = 1 - \gamma \frac{p_2 V_1 - p_2 V_2}{p_1 V_2 - p_2 V_2} = 1 - \gamma \frac{V_1 / V_2 - 1}{p_1 / p_2 - 1}$$

选读一——热的本质

在日常生活中，用温度这个物理量表示物体的冷热程度。温度高表示热一些，温度低表示冷一些。两个物体的温度相同则表示冷热程度相等。也可以凭自己的感觉就判断一个物体是冷还是热。比如把一杯水由 0 ℃加热到 100 ℃，可以感觉到这杯水由凉到温再到热等一系列变化过程。但当想要用数值表示物体的冷热程度时，就会发现仅凭个人主观感觉是不可靠的。

那么，当物体的温度发生变化时，除了可以给我们带来不同的主观感受外，还会发生什么样的现象呢？当把两个温度不同的物体接触时，温度高的物体温度会降低，温度低的物体温度会升高。最终，两个物体的温度将趋于相等。大量实践表明在温度发生变化的时候，物体的一系列性质都会发生变化。比如物体的体积会变化，物体的形态会变化。如果物体是金属的话，通常它的电阻也会发生变化。显而易见，我们可以根据温度变化时，物体的各种性质的变化来定量地测定温度。如果发生接触的两个物体一个质量大，另一个质量小，那么质量大的物体在接触前和接触后温度的变化量很小。因此，可以认为接触后的共同温度也就是质量大的物体在接触前的温度。也就是说，选定一个质量很小的物体作温度计，把它和不同的物体相接触，温度计最后的温度就是这些物体的温度。这就是热力学第零定律和经验温标建立的实验基础。

上述过程的发生和完成伴随着"热"传递。"热"是什么？这一问题从很早的时候起，人们就开始猜测和思考这一问题。直到 18 世纪初热质说占据了统治地位。热质说认为热是一种特殊的物质即热质，热质是看不见的、没有质量的流体，热的物体包含热质多，冷的物体包含热质少，它能渗入任何物体，但不会引起物体膨胀等。认为热是一种物质最早可以追溯到古希腊的德谟克利特。

用热质说能直观地解释一些简单的热现象，还是比较方便。比如物体的温度变化用热质说来解释，可以解释为当热质流入物体，物体就热起来，温度就会升高；当热质离开物体，物体就冷下去，温度就会降低。物体间的热传递用热质说来解释，可以解释为在有温差的两个物体相接触时，热质会由温度高的物体流向温度低的物体，直到温度相等为止。虽然热质说是错误的，但它也推动了科学向前发展的步伐。

关于热的本质历史上还有"热动说"。这种说法在牛顿力学开始建立的时候，获得了广泛支持，包括法国物理学家笛卡儿、英国物理学家玻意耳、胡可和牛顿等。但是由于当时的科学实践水平使得这种理论较少有实验数据可以支持，所以直到18世纪前热质说一直占据统治地位。1744年俄国科学家罗蒙诺索夫在研究摩擦生热等现象后发表了论文《论热与冷的原因》，文中提到了热动说。文中写道："大家都知道，热是由运动激发的：两手由于互相摩擦而暖和，燧石擦钢飞出火星，铁在频频用力打击时变成灼热……由此我们得出结论，不必把物体的热当作是某种为了解释热现象而特别规定的微妙物质的聚集，而应当把热看作是物体内部物质的运动。"18世纪末，英国物理学家伦福德伯爵设计了一系列的钻孔实验，证明了热质说的错误，支持了热动说。

直到1842年，焦耳实验测定了热功当量的数值后，热质说才受到致命打击。焦耳用实验确定了热量与机械功之间的普遍当量关系。这个关系定量地把热和机械运动之间的联系表示出来了。物体从一个状态到另一个状态，能量增加一定的数量。这种能量的增加可以通过不同的过程来实现。可以把它和其他物体相接触，也可以用机械作功的办法。在两个不同的过程中，虽然供给热量和作功是两种不同的形式，但是它们的数值是相等的。因此这说明热量并不是物体固有的物理量，而只是一种能量传递的方式。物体的这种能量是储藏在物体内部的，是物体内部物质运动的能量。它的增加并不引起物体在空间速度的改变，并不代表物体在空间运动的机械能。它的改变只会影响物体内部物质运动的变化，引起各种热现象的产生。把反映物体内部物质运动的这种能量称为物体的内能。物体的内部运动和机械运动虽然是不同的，但它们之间有密切的联系。机械运动的能量可以通过作功的方式转换为内能，反过来内能也可以转换为机械能。物体间的内能还可以通过传递热量的方式相互交换。物体内能的改变可以通过不同过程来进行，在每一过程中传递的热量都不一定相同，因此热量不是物体所固有的物理量，热量和内能是两个不相同的概念。

　　热传递有三种基本形式：热传导、热对流和热辐射。当物体间存在温差而接触时，在各部分没有发生相对宏观位移的条件下，通过物体内部原子或分子碰撞而发生的能量传输叫做热传导。热传导在固体、液体和气体中都可存在。热对流是指因流体的宏观运动，造成内部的原子或分子发生相对位移，使得温度不同的各部分之间相互混合所导致的热量传递现象。热对流仅发生在气体和液体中，且热对流必伴随热传导现象。热对流是一个非常复杂的过程，因为热对流总是伴随热传导，所以不能用一个简单的方程去描述热对流现象。热辐射是指物体不依靠介质，因为具有温度而向外辐射能量的现象。一切温度高于绝对零度的物体都能产生热辐射，温度越高，辐射出的总能量就越大。对给定的物体，在单位时间内向外辐射的能量取决于物体的温度，所以这种辐射称为热辐射。自然界中任何物体都在不停地向外辐射能量，同时也不断地吸收其他物体所发出的能量，物体的热辐射是辐射和吸收的共同效应。

选读二——热机

　　功与热的转换贯穿于整个热力学的发展过程。随心所欲地利用热动力，最早可以追溯到我国的四大发明——火药，利用火药发射箭矢，就是"热变功"的实例。但真正利用热动力做功来替代人力，还是要说 18 世纪初的蒸汽机的出现。这是人类利用热动力的重大突破，是热机成为 18—19 世纪工业革命的基础。蒸汽机的出现使人类从依靠人力畜力等原始动力学中解脱出来，《全球通史》作者斯塔夫里阿诺斯说"蒸汽机的历史意义，无论怎样夸也不为过。"热机的发展主要经历以下几个重要时间节点。

　　1690 年，法国物理学家巴本制造了第一台活塞式蒸汽机。

　　1698 年，托马斯·塞维利、1712 年托马斯·纽科门制造了早期的工业蒸汽机。

　　1765 年，英国的瓦特发明了设有与汽缸壁分开的凝汽器的蒸汽机，并于1769 年取得了英国的专利。他的发明使蒸汽机的热效率成倍提高，到 3%～5%。

1769 年，法国炮兵工程师尼古拉斯把蒸汽机装在木制三轮车上，制成了最早的机动车。

1860 年，法国技师埃铁米制成了煤气机（内燃机），并成批生产，内燃机商品化。

1866 年，德国奥托制成了第一台等容燃烧四冲程往复活塞式内燃机，热效率提高到 12%～14%，等容燃烧四冲程燃烧循环成为奥托循环。

1892 年，德国工程师狄塞尔获得柴油发动机发明专利。

直至今天，汽油机最高热效率一般在 30%～40%之间，柴油机最高热效率略高一些，在 35%～45%之间。下面介绍几个比较典型的热机。

1. 蒸汽机

目前电厂及大型船舶的主要动力装置为蒸汽机。蒸汽机是以水蒸气为工作物质的热机。下面以活塞式蒸汽机为例介绍它的工作原理。水在高压锅炉中受到高温热源加热变为高压饱和湿蒸气，进入过热器中继续加热成为温度更高、压强更大的非饱和的干蒸气。干蒸气进入气缸中经绝热膨胀推动活塞对外做功，膨胀后的气体压强降低，低压蒸气进入冷凝器，向低温热源放出热量后凝结为水，水再重新进入锅炉加热，这样周而复始的不断把高温热源吸收的热量中的一部分转化为气缸对外所做的功。通过以上循环过程可以看出，一个热机至少应该包括三个组成部分，包括循环工作物质、两个以上温度不同的热源；对外做功的机械装置。

自 2007 年后，这种古老的活塞式蒸汽机在我国已宣布停止使用。但是蒸汽机的另外一种类型汽轮机仍是世界上火力发电的主要力量。汽轮机和蒸汽机的区别是用汽轮机取代了蒸汽机的气缸，通过汽轮机中叶轮的旋转把热量转化为对外所做的功。

2. 内燃机

内燃机是使用汽油、柴油等石油燃料，燃气通过燃料的燃烧获得热量后在气缸内膨胀，推动活塞对外做功。内燃机因其体积小，工作稳定且结构简单等优点，目前被广泛应用于各类工程中。内燃机有两种典型的循环过程，奥托循环和狄塞尔循环。

奥托循环即等体加热循环是由德国工程师奥托于 1876 年在卡诺循环的基础上针对火花点火式四冲程内燃机设计完成的。所使用的工作物质主要是汽油或天然气，所以这种内燃机也称汽油机。四冲程一个循环主要包括吸气、压缩、工作、排气四个分过程，如附图 1 所示，具体介绍如下。

（1）吸气冲程 ab：此冲程空气和汽油蒸气的混合物被吸入气缸，整个冲程是在大气压强下进行，可看作等压过程。

（2）压缩冲程 bc：活塞快速移动压缩缸内混合气体，混合气体体积减小、压强增大，由于压缩是较短时间就完成的，所以可以认为气体与外界没有热量交换，为绝热压缩过程。

附图 1 奥托循环

（3）工作冲程 cd 和 de：火花塞点燃汽油蒸气，缸内气体吸热，压强和温度迅速上升，由于燃烧过程非常迅速，所以近似可以认为活塞没有移动，即 cd 分过程为等体吸热增压过程；紧接着，高压气体推动活塞，气体体积膨胀对外做功，这一分过程近似可看作绝热膨胀过程。

（4）排气冲程 eb：排气阀打开，气体在等体条件下降低压强并放出热量，缸内压强急速降为大气压。

严格来讲，循环过程中气体的质量会发生变化。并且在工作冲程中混合气体燃烧还发生了化学变化。只不过为了便于理论分析，将热机的工作过程近似看作是循环过程。

狄塞尔循环即定压加热过程是四冲程柴油机的工作过程。柴油机虽然工作原理和汽油机不同，它吸入的不是混合气体而是空气，燃料的燃烧也不是火花塞点火而是压燃，但是四个冲程依然主要包括吸气、压缩、工作、排气分过程。和奥托循环的区别在于工作冲程中的等体吸热增压变为狄塞尔循环的等压吸热碰撞过程。

热机的发展从 18 世纪走到今天，历经了几个世纪。从笨拙的蒸汽机开始，发展到今天，每一步的前进都是在前人工作的基础上，有些甚至历经几十年或上百年才有进展。历史上，这些取得伟大成就的科学家、工程师普遍具有下列条件：第一是有扎实的学科或行业知识作为基础；第二对现有技术和理论敢于提出质疑，有创新思维。

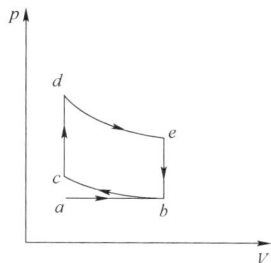

选读三——机械功

功是人们在长期的生产实践和科学研究中逐步形成的概念。考察各种机械和机器的运动，就会发现它们在工作过程中有一个共同的特点是存在着力及物体在力的作用下发生位移，而且力和位移的乘积具有特殊意义。

1. 恒力对作直线运动的质点所作的功

设恒力 $\vec{f}$ 作用在质点上使质点沿直线运动。在一段时间内发生位移 $\Delta\vec{r}$ 时，力 $\vec{f}$ 在此过程中对质点所作功为力在作用点位移方向的分量和作用点位移大小的乘积。实际上也是力和位移的标积，即 $A = \vec{f} \cdot \vec{\Delta} = f\,|\Delta\vec{r}|\cos\theta = f_x\Delta x + f_y\Delta y + f_z\Delta z$。

因为功是标积，所以功是标量。它的单位是焦耳，符号 J。1 J 的功就是 1 牛顿的力使质点沿力的方向的位移为 1 米时所作的功。功的单位还可以用千瓦时，1 千瓦时 = 3.6×10^6 J。

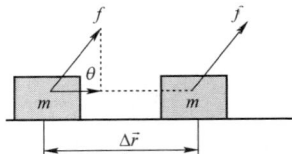

附图 2　恒力在直线运动中的功

功是有正负的，而且功的正负与力和位移的夹角有关。当夹角 θ 小于 90° 时，功为正功；当夹角 θ 为 90° 时，力不作功。有些力不做功，不改变速度大小，但是能改变速度方向和动量；当夹角 θ 在 90° 和 180° 之间包括 180° 时，力作负功。力对物体作负功，我们也可以说物体反抗这个力作正功。

功是过程量。一般而言，功的值与质点路径是有关的。功和能量是两个不同概念。能量是与物体状态有关的量，是状态量；功是物体能量变化的量度，与运动过程有关，是过程量。因为功和物体的位移有关，所以功等于多少还和参照系的选择是有关的。

如果有若干个力作用在物体上，则合力的功等于各个分力的功的代数和。

2. 变力对作曲线运动的质点所作的功

一般情况下，力为变力，质点运动轨迹为曲线，此时不能直接用前面讲过的式子计算功。在这种情况下，将质点运动的轨迹分为 n 段，只要 n 足够大，即每一段足够小，就可以把任一段轨迹看成直线，而把这段轨迹上质点所受到的力看成恒力。这样便可以用学过的式子计算任一小段的功。其中 $\Delta\vec{r}_i$ 的方向沿曲线的切线方向，在这一小段上的力 $\vec{f}_i$ 与位移 $\Delta\vec{r}_i$ 的夹角为 α_i，力在这一小段的功为 $\Delta A_i = \vec{f}_i \cdot \Delta\vec{r}_i = f_{ix}\Delta x_i + f_{iy}\Delta y_i + f_{iz}\Delta z_i$，总功为 $A \approx \sum\Delta A_i = \sum_i \vec{f}_i \cdot \Delta\vec{r}_i = \sum f_{ix}\Delta x_i + f_{iy}\Delta y_i + f_{iz}\Delta z_i$。当每一段位移的大小都趋于零时，可用积分表示总

功 $A = \int_a^b \mathrm{d}A = \int_{\vec{r}_a}^{\vec{r}_b} \vec{f} \mathrm{d}\vec{r} = \int_{x_a,y_a,z_a}^{x_b,y_b,z_b} (f_x \mathrm{d}x + f_y \mathrm{d}y + f_z \mathrm{d}z)$。其中 $\mathrm{d}A = \vec{f}\mathrm{d}\vec{r} = f_x \mathrm{d}x + f_y \mathrm{d}y + f_z \mathrm{d}z$ 称为力的元功。

3. 功率

在实际问题中，不但要知道功的大小，而且要知道作功的快慢，因此提出了功率这一物理量。平均功率的定义是 $\bar{P} = \dfrac{\Delta A}{\Delta t}$，当 $\Delta t \to 0$ 时，则为某时刻的瞬时功率 $P = \dfrac{\mathrm{d}A}{\mathrm{d}t} = \vec{f}\dfrac{\mathrm{d}\vec{r}}{\mathrm{d}t} = \vec{f} \cdot \vec{v}$，上式表明瞬时功率等于力的速度方向的分量和速度大小的乘积。功率的单位是瓦特，符号 W。

选读四——守恒和对称

功和能的概念是物理学中极为重要的基本概念，它不仅是力学的基本概念，也是热学、电磁学、光学、原子物理学的基本概念，功和能的概念贯彻于整个物理学中。

一、历史进程——力学中的三条守恒定律的建立

一个定律的建立要在一定的历史条件下才能实现。一方面是生产水平，另一方面是物理学的发展水平，而后者又包括物理学的实验事实和物理学思想两个方面。

1. 动量守恒和动量矩守恒定律

动量概念最早是在研究碰撞、打击等现象过程中提出的。在 17 世纪初，意大利物理学家伽利略在研究打击现象时，他考虑到应该确定锤子的重量及速度对于打击效果的影响，首先引入了"动量"的名词，他的定义是指物体的重量与速度的乘积，是用来描述物体遇到阻碍时所产生的效果的。笛卡尔第一明确提出了运动量守恒的概念，并对碰撞的多种情况进行了比较系统的研究。他在他的一部主要著作《哲学原理》中表述了运动不灭的思想，并且用来分析两个物体的碰撞。当笛卡尔继承和发展了动量的概念。他把质量和速度的乘积作为动量。但由于当时"质量"的概念尚未建立，而且笛卡尔还未考虑速度的方向性，因此当时动量的意义还未十分明确。

碰撞现象的研究曾经是 17 世纪中物理学家集中注意的一个问题，因为由

此可以具体地认识物体间相互作用的规律。惠更斯在研究物体碰撞问题时，考虑了速度的方向性，发现动量是个矢量。这是动量概念的一大发展。马略特也曾在 1678 年发表过"论物体的碰撞"一文，谈到他做过的实验。他用两根长度相等的线悬挂着粘土及象牙等做成的球体，分别研究过非弹性和弹性碰撞。牛顿在《自然哲学的数学原理》书中首次明确地定义了质量的概念，紧接着就定义了动量。他说：运动的量是用它的速度和质量一起来量度的。这是物理学的发展史上第一次真正建立动量的概念。并在此基础上建立牛顿第二定律，揭示了在物体的相互作用中，正是动量反映着物理运动变化的客观效果。

由此可见，动量守恒最初并非由理论推导而来，牛顿概况了前人的成果建立起力学的公理化体系之后，动量守恒定律则在其原有的坚实实验基础之上，纳入了力学的理论体系。

动量矩的概念在力学上出现的较晚，开普勒在 16 世纪末到 17 世纪初对天体运动做了大量分析和推算，总结出了关于行星运动的开普勒三定律。其中第二定律指出："对任一行星来说，太阳到行星的联线在相等的时间扫过相等的面积"。这实际上是在有心力作用下质点对力心的动量矩守恒的具体体现。由此可见，动量矩守恒的思想最迟也不是全由理论推动出来的。

2. 普遍的能量守恒与机械能守恒

有关机械能守恒的思想的萌芽，早就在很多力学方面的著作中出现过。伽利略研究物体沿斜面的运动时，曾指出物体达到斜面底部时所获得的速度依赖于斜面的高度。这些都是关于重力作用下机械能守恒的问题。惠更斯在分析物体的完全弹性碰撞时发现，mv^2 的总和在碰撞前后是恒定不变的。这实质上是机械能守恒的一种具体表现形式。1686 年莱布尼茨在他的论文"关于笛卡尔和其他人在确定物体的运动力中的错误的简要论证"中对笛卡尔学派的这个量度提出了批判。他认为力必须由它所产生的效果来衡量，例如将重物举高，而不是用它传给另一物体的速度来衡量。他由此得出，应该用量值 $\frac{1}{2}mv^2$ 而不是 mv 来量度物体运动的力。这都说明，能量守恒定律的线索可以追溯到相当早的时期。

导致普遍能量守恒定律的建立的两个重要进展是永动机不可能实现及自然现象之间普遍联系观点的逐步发展。这些打破了物理学思想一度占统治地位的机械观以及形而上学的思想方法，使得科学家们逐渐领悟到各种现象间的相互联系和相互制约的思想。因此在这个基础上，到 19 世纪中叶，焦耳、亥姆霍兹等人彼此独立的通过各种途径几乎同时总结出能量守恒定律。

二、守恒原理和对称原理

守恒观念由来已久，古人已经知道，任何东西不能凭空产生，也不能化为乌有。人们为此寻找那些构成周围世界多样性的不可消灭的基本物质。包括质量、电荷、动量、能量、角动量等。

如果能对一个事物施加某种操作，并且操作以后的情况与原来完全相同，则这个事物是对称的。一个物理系统也会具有某种对称性，也可以通过一定的变化表现出来。在数学上可以通过系统在一定的变换下其物理性质的不变性来描述。称这种保持系统物理性质不变的变换为对称性变换。

对称原理是物理方法中一条及其重要的原理。自然界存在各种各样的对称性，使得人类自古以来就有了对称性观念，并与美、和谐等概念联系在一起，进而产生了对称性方法。比如法拉第根据奥斯特发现的电流的磁效应，很快就联系到磁应当能够产生点；汤姆逊发现电子后，狄拉克根据他的"空穴理论"语言正电子的存在；在发现正电子后，人们又推测其他微观粒子，如中子、质子等；德布罗意从对称性出发，提出了物质波的假设等。物理的守恒定律与时间、空间的对称性有关。一种对称性，必然对应一种守恒量。

1. 平移的对称性

把坐标做一平移，物理定律不变。牛顿定律具有平移对称性。机械能对空间坐标系平移对称性与动量守恒。

2. 转动的对称性

把坐标做一转动，物理定律不变。牛顿定律具有转动对称性。机械能对空间坐标系转动对称性与角动量守恒。

3. 时间的对称性

如果某一事件在以前会发生，那么在同样的条件下，这一事件现在也会发生，规律完全相同。机械能对时间平移对称性与机械能守恒。

守恒定律的存在不是偶然的，它们是物理规律具有多种对称性的自然结果。

简答题

1. 简述平衡过程的定义。当汽缸中的活塞迅速向外移动从而使气体迅速膨胀时，气体经历的过程是否是平衡过程？

2. 简述平衡过程的定性和定量条件及几何特征。

3. 简述功、内能及热量三个物理量的定义及定义之间的逻辑关系。

4. 内能和热量定义的实验基础是什么？

5. 简述热力学第一定律。

6. 基于热力学第一定律分析下列表述正确吗？为什么？

（1）系统对外做的功不可能大于系统从外界吸收的热量。

（2）系统内能的增量等于系统从外界吸收的热量。

（3）不可能存在这样的循环过程，在此循环过程中，外界对系统做的功不等于系统传给外界的热量。

（4）热机的效率不可能等于 1。

7. 由＿＿＿＿＿＿＿实验说明理想气体内能只与＿＿＿＿＿有关。

8. 简述热容、比热容、摩尔热容的定义。

9. 为什么理想气体的比热容的数值可以有无穷多个？什么条件下气体的比热容为零？什么条件下气体的比热容为无穷大？什么条件下大于零？什么条件下小于零？

10. 简述迈耶公式及其物理意义。

11. 分析下列两种说法是否正确？

（1）物体的温度愈高，则热量愈多？

（2）物体的温度愈高，则内能愈大？

12. 写出等体、等温、等压及绝热过程的过程方程及热力学第一定律的形式。

13. 为什么 $Q_V = \nu C_{V,m}\Delta T$ 仅适用于等体过程，而 $\Delta U = \nu C_{V,m}\Delta T$ 却适用于任意过程呢？

14. 在下列理想气体各种过程中，哪些过程可能发生？哪些过程不可能发生？为什么？

（1）等容加热时，内能减少，同时压强升高。

（2）等温压缩时，压强升高，同时吸热。

（3）等压压缩时，内能增加，同时吸热。

（4）绝热压缩时，压强升高，同时内能增加。

15. 什么叫卡诺热机？

16. 写出卡诺循环热效率公式，并简述其物理意义。

计算题

1. 对于理想气体系统来说，在下列过程中，哪个过程系统所吸收的热量、内能的增量和对外做的功三者均为负值？

（1）等体增压过程；（2）等温压缩过程；（3）等压压缩过程；（4）绝热膨胀过程。

2. 摩尔质量为 M_{mol} kg/mol 的 M kg 理想气体从体积 V_1 膨胀到体积 V_2，分别经历的过程是（1）等温过程；（2）等压过程；（3）绝热过程。画出三个过程的 $p-V$ 线，并比较哪一个过程吸热最多？

3. 质量为 3.2×10^{-3} kg 的氧气，起始压强为 1 atm，温度为 27 ℃。先等体增压至 3 atm。然后等温膨胀压强降至 1 atm。最后等压压缩体积压缩一半，求整个过程中 $\Delta U, A$ 和 Q。

4. 有人设计一台可逆卡诺热机，每循环一次可从 400 K 的高温热源吸热 1 800 J，向低温热源放热 800 J，则该热机热效率为多少？低温热源温度为多少？

5. 1 摩尔的理想气体，定体摩尔热容为 $C_{V,m} = \dfrac{5}{2}R$。起始温度为 T，体积为 V_0。首先经历绝热膨胀过程，体积变为 $2V_0$；再经过等压过程，温度回升到起始温度；最后再经过等温过程，回到起始状态。

（1）做出该循环的 $p-V$ 图；

（2）三个分过程中吸热分过程是哪一个？放热分过程是哪一个？循环的总吸热和总放热分别等于多少？

（3）该循环是正循环还是逆循环？如果是正循环，求该循环的热效率；如果是逆循环，求该循环的致冷系数。

6. 一定量理想气体经历的循环过程 $V-T$ 曲线表示如图，其中 A 点和 B 点坐标为 $A(V_1, T_1)$ 和 $B(V_2, T_2)$，定体摩尔热容 $C_{V,m}$ 已知。

（1）试说明各分过程的名称，各过程的内能增量 ΔU、系统对外界所做的

功 A 及系统向外界吸收的热量 Q 的正负。

（2）在此循环中，哪些分过程是系统从外界吸热的分过程？哪些分过程是系统向外界放热的分过程？

（3）该循环是正循环还是逆循环？如果是正循环，求该循环的热效率；如果是逆循环，求该循环的致冷系数。

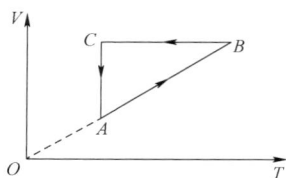

计算题 6 图

第3章 热力学第二定律

大单元教学设计的核心环节

（一）单元教学内容解读

解决了热功转换的数量关系后，随之就产生了一个问题。是不是所有满足热力学第一定律的过程在实际当中都能发生？答案当然是否定的，意味着满足热力学第一定律只是过程能发生的一个条件，在满足该条件后这一过程能不能发生，还和过程所进行的方向有关。热力学第二定律就是研究过程所进行的方向和限度问题的。结合实际问题，热力学第二定律的研究情境也可表述为"蒸汽机的热效率不能大于1，那能不能等于1呢？"

本章首先定义了可逆过程和不可逆过程，随后基于分析热机的热效率和致冷机的致冷系数给出热力学第二定律的两种表述。开尔文表述明确了热功转换过程的不可逆性，克劳修斯表述表明热传递过程的不可逆性，而热力学第二定律表明一切与热现象有关的实际宏观过程都是不可逆的。随后证明了热力学第二定律两种表述的等价性，等价性的证明过程也是由一个过程的不可逆性推证另一过程的不可逆性，说明过程的不可逆性是相互依存的。

通过热力学第二定律知道热机的效率必须小于1，小于1最大等于多少？卡诺定理回答了该问题。卡诺定理表明在相同的高温热源和相同的低温热源之间工作的一切不可逆热机的效率都不可能大于可逆热机的效率。说明当高温热源和低温热源的温度一定时，热机效率和工作物质没有关系，要提高热机效率，只能减少热机的摩擦、漏气等耗散效应。

为了定量描述过程的不可逆性，引入态函数熵。首先在卡诺定理的基础上得到克劳修斯等式，然后基于可逆过程的热温比积分定义了态函数熵。最后在给出了热力学第二定律的数学表达式及孤立系统中的熵增原理。

（二）需要思考的基本问题

引领性问题：热力学系统所进行过程的方向

问题一：根据过程所进行的方向性，对过程如何分类？

问题二：热力学第二定律对过程的方向性如何约束？

问题三：热力学第二定律限制下的热效率的取值范围是什么？

问题四：热力学第二定律为什么会有两种表述？两种表述意味着不可逆过程之间有什么联系？

问题五：卡诺定理和热效率的关系是什么？

问题六：为什么要引入态函数熵？态函数熵的内涵是什么？

问题七：熵增原理的内涵是什么？

热力学第一定律仅仅指出热力学系统在经历任意过程时能量必须守恒，而对能量的转移或转换未加任何限制。然而许多热力学过程虽然系统的能量是守恒的，但从未发生过，如在水中扩散后的墨水自动收缩为墨水滴，热量自动地由低温物体传向高温物体等。热力学第一定律无法对这些过程的方向性的问题进行判断和解释，这需要由热力学第二定律来解决。热力学第二定律指出了与热现象有关的变化过程可能进行的方向和限度的问题。

3.1 热力学第二定律

"落叶永离，覆水难收""欲死灰之复燃，艰乎为力；愿破镜之重圆，冀也无端""黄河之水天上来，奔流到海不复回""少壮不努力，老大徒伤悲"，这些诗情画意所代表的自然现象和人文历史发展过程同样具有过程所进行的方向性问题。根据过程进行的方向是否可逆，将过程分为可逆过程和不可逆过程。

一、可逆过程与不可逆过程

拿起一杯热水感觉到烫，是由于热量由这杯水传到人的手上；物体在桌面上滑动一段距离最终停下来，是物体的动能转化为摩擦力的功，最后转变为热量被周围的物体所吸收。这些过程的发生都有方向性，热量是由热水传到手中，能量是由功转化为热量的。自然界中热力学过程都是有方向性的，用可逆和不可逆来定义过程的方向性。可逆过程就是可以由初始状态到达末了状态，也可以由末了状态返回初始状态，并且当它再次返回初始状态时，对外界没有任何影响，即系统两次处于初始状态时的外界是完全相同的外界。可逆过程可表示为

　　A 状态（初始状态）$\Leftrightarrow B$ 状态（末了状态）。

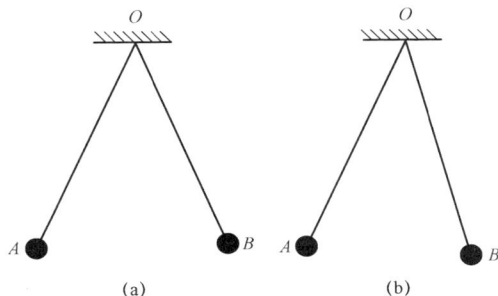

图 3.1　可逆过程和不可逆过程

　　图 3.1（a）是一个忽略空气阻力的单摆，若图中左边最高点 A 位置为起始状态，右边最高点 B 处为末了状态，单摆既可以由 A 位置到 B 位置，也可以由 B 位置回到 A 位置，这样的来回往复运动对外界没有任何影响，所以此单摆的摆动过程就是一个可逆过程。

　　不可逆过程有两种，一种是可以由初始状态到达末了状态，但却不能由末了状态返回初始状态；第二种是虽然既可以由初始状态到达末了状态，也可以由末了状态返回初始状态，但是当它再次返回初始状态时，对外界有影响，即系统两次处于初始状态时的外界是不相同的外界。这两种过程不可逆过程可表示为

　　A 状态（初始状态）$\underset{\quad}{\overset{\quad}{\rightleftharpoons\!\!\!\!\!/\,}} B$ 状态（末了状态）

　　A 状态（初始状态）$\underset{A}{\rightleftharpoons} B$ 状态（末了状态）

　　图 3.1（b）是一个考虑空气阻力的单摆，若图中左边最高点 A 位置为起始状态，右边最高点 B 处为末了状态，单摆可以由 A 位置到 B 位置，但不能由 B 位置回到 A 位置；或者说若想让它回到 A 位置，外界必须对它做功，外界付出了功的代价，对外界有影响。所以考虑空气阻力的单摆的摆动过程就是一个不可逆过程。

　　在考虑方向性这一问题时，"自发"这两个字要特别强调。对自然过程的

方向性和不可逆的正确理解应该是反向过程的进行需要不需要外界付出代价，不需要就是可逆过程；需要就是不可逆过程。

二、热力学第二定律的两种表述

热力学第二定律是直接从关于热机效率的研究中发现的。在热力学第一定律建立之前，卡诺利用"热质说"和"第一永动机不能制成"证明了热机理论中具有重要指导作用的卡诺定理，但后来热质说被否定，不过卡诺定理是正确的，只是需要对此重新证明。开尔文和克劳修斯用热力学第一定律证明了卡诺定理，在证明过程中，各自引入了一个新的原理，由于这两个原理分别针对的是两个现象的同一本质，所以就同时作为热力学第二定律的两个原始表述了。

1. 开尔文表述

蒸汽机在生产实践中大量推广使用后，许多人就试图制造各种不需要热源的机械，比如从海水中获得热量，把热量全部转化为功，不需要向低温热源放出热量的热机。如果这种热机是存在的，那么依靠自然界中取之不尽的热量，就可以获得用之不竭的有用功。这类机械后来被称为第二类永动机。而开尔文表述就是对热机实践的经验总结。

19 世纪的技术革命中，热机效率问题是当时生产中的重要课题。根据热效率公式 $\eta = 1 - \dfrac{Q_2}{Q_1}$ 可知，当热机放出的热量为零的情况是，热效率 $\eta = 1$。这样的热机是不违反热力学第一定律的。所以基于热力学第一定律研究去思考热效率问题，就得会到了下面的问题。

问题：$\eta \not> 1$，但能否实现 $\eta = 1$ 呢？

大量事实表明，任何情况下热机都不能只有一个热源，热机要把所吸收的热量变为有用功，就不可避免地会将一部分热量传递给低温热源。这是自然界中的一个基本事实，所以事实证明，这个问题的答案是 $\eta \neq 1$，即热效率只能小于 1。

答案：$\eta < 1$。

1851 年，开尔文将上述研究总结为开尔文表述：不可能从单一热源吸取热量，使其完全变为有用功，而不产生其他影响。（It is impossible to construct a heat engine that, operating in a cycle, produces no effect other than the absorption of energy from a reservoir and the performance of an equal amount of work.）开尔文表述也可简称开氏表述。

在开尔文表述中，要强调以下几个问题。

（1）开尔文表述中的"单一热源"是指温度均匀的热源。如果温度不均匀，工质就可以从温度较高的部分吸热而向温度较低的部分放热，这实际上就相当于两个热源了。

（2）开尔文表述中的"其它影响"是指除了从单一热源吸热并把吸取的热量全部变为功以外的其他任何变化。如果有其他变化发生，那么把从单一热源吸取的热量全部变为有用功就是可能的。比如等温膨胀过程就可以把热量全部转化为有用功，但是同时，系统发生了其他变化，系统的体积增大了，所以等温膨胀过程并不违反热力学第二定律。

（3）热力学第二定律中的功是普通功，既包括机械功还包括电磁功等各种形式的功。

（4）把从单一热源吸热并将它全部变为有用功，且不产生其他影响的热机叫做第二类永动机。根据热力学第二定律可知第二类永动机是不可能制造出来的。第二类永动机并不违反热力学第一定律。以别于违反热力学第一定律的第一类永动机，热力学第二定律的开尔文表述也可表达为第二类永动机是不可能造成来的。

（5）开尔文表述说明不同形式的能量之间相互转换的难易程度是不同的。尤其是功和热量之间，可以发现将功转化为热量比较容易，然而，热量转化为功却困难的多，要将热量全部转化为功，外界必须付出代价。所以开氏表述实质为表明热功转换的不可逆性。

2. 克劳修斯表述

开尔文表述研究了热机的热功转换现象，揭示了热功转换的不可逆性。克劳修斯研究了热传导的方向性问题，即致冷机的致冷系数问题。

问题：$\varepsilon > 1$，但能否实现 $\varepsilon \to \infty$ 呢？

热传导的事实就是热量从高温物体可以传到低温物体，这种热量传递是自发进行的，反过来就不行。既然反过来的方向不能自发实现，那么把热量从低温热源传到高温热源，外界就必须付出功的代价。

答案：$A \neq 0$，则 $\varepsilon \neq \infty$。

1850 年克劳修斯在大量实践经验的基础上，提出了概括热传导方向性的规律，称之为热力学第二定律的克劳修斯表述：不可能把热量从低温物体传到高温物体而不产生其他任何影响。克劳修斯表述也可简称为克氏表述。

（1）克劳修斯表述中的"其他影响"包括外界对系统做功。

（2）克劳修斯表述说明热量可以自发地由高温物体传到低温物体，却不能自发地由低温物体传到高温物体。所以克氏表述实质是表明热传递过程的不可逆性。

三、热力学第二定律两种表述的等价性

热力学第二定律在物理学基本规律的表述上是独一无二的，因为热力学第二定律是以某个具体过程为例加以阐述的，是热力学第二定律的特色之一。开尔文表述研究是的热功转换过程，克劳修斯表述研究的是热传递过程，要说明这两种表述研究的是不同过程的同一本质这一问题，相当于证明这两种表述是完全等效的。

要证明两种表述的等效性，有两种思路，第一种就是由既可以由开尔文表述推证克劳修斯表述，又可以由克劳修斯表述推证得到开尔文表述，这就可以证明两种表述的等效性；第二种思路就是在开尔文表述不正确的前提下推得克劳修斯表述的不正确，同时还可以由克劳修斯表述不正确也推得开尔文表述的不正确，这也可以证明两种表述的等效性。第二种是反证法，下面就用反证法证明热力学第二定律的两种表述的等效性。

1. 假设克氏表述不成立，证得开氏表述也不成立。

已知：克氏表述不成立

求证：开氏表述不成立

证明：若克氏表述不成立，热量 Q_2 就可以自动地从低温热源传到高温热源。假设在高温热源和低温热源之间工作一个热机。热机从高温热源吸收热量 Q_1，向低温热源放出热量 Q_2，同时对外做功 $A = Q_1 - Q_2$。这两个分过程如图 3.2（a）所示。将两个分过程的总效果表达为总效果图 3.2（b）。在总效果图中，只画出当两个分过程完成后，发生变化的系统或要素。对高温热源而言，失去了 $Q_1 - Q_2$ 热量；对于低温热源而言，得到 Q_2 热量，失去的也是 Q_2 热量，所以总的来说，低温热源没有变化；对于热机而言，完成一个循环，输出功为 $A = Q_1 - Q_2$。所以总效果图为一个热机从高温热源吸收热量 $Q_1 - Q_2$，而把所吸收的热量 $Q_1 - Q_2$ 全部转化为对外所作的有用功 $A = Q_1 - Q_2$，不产生

其他影响。显而易见，与开氏表述矛盾，说明当克氏表述不成立时，开氏表述也就不成立了。

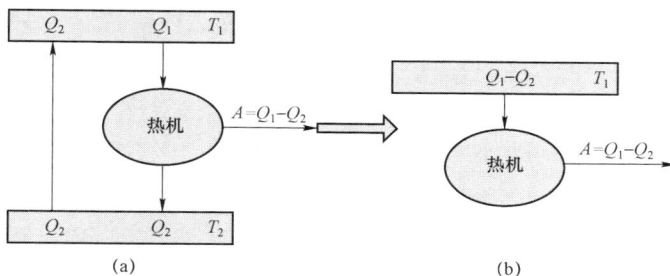

图 3.2　由克氏表述不成立证明开氏表述不成立

2. 假设开氏表述不成立，证得克氏表述也不成立。

已知：开氏表述不成立

求证：克氏表述不成立

证明：若开氏表述不成立，即热机可以将所吸收的热量 Q_1 全部转化为对外所做的有用功 $A=Q_1$；用有用功 A 驱动一个致冷机，致冷机工作过程中，从低温热源吸收热量 Q_2，同时，致冷机将外界对它所做的功 A 和热量 Q_2 都放给高温热源。致冷机向高温热源放热的绝对值为 Q_1+Q_2。这两个分进程如图 3.3（a）所示。将两个进程过程的总效果表达为总效果图 3.3（b）。对高温热源而言，失去 Q_2 热量，得到 Q_1+Q_2 热量，总效果是得到了热量 Q_1；对于低温热源，失去 Q_2 热量；对于热机和致冷机而言，完成一个循环，系统回到初始状态，没有发生变化。所以总效果图为有热量 Q_2 自动地从低温热源传到高温热源中了。显而易见，与克氏表述矛盾，说明当开氏表述不成立时，克氏表述也就不成立。

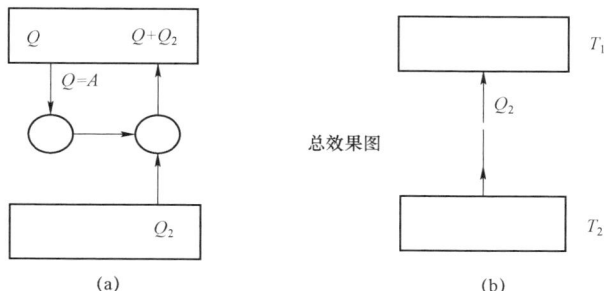

图 3.3　由开氏表述不成立证明克氏表述不成立

两种表述的等效性说明，热功转换过程和热传递过程虽然是两个不同过程，但这两个不同过程有一个共同的本质，就是都是不可逆的。

由证明过程可以看出，可以热传导的不可逆性推证热功转化的不可逆性，反之亦然。用类似的方法可以证明，自然界中各种不可逆过程都不是孤立的，彼此都有关系，即过程的不可逆性是相互依存的，可以由一个过程的不可逆性推证另一过程的不可逆性。说明自然界中如果有一个不可逆过程可逆了的话，则所有不可逆过程将全部可逆。

由于不可逆过程的这种相互关联性，使得每一个不可逆过程都可以作为表述热力学第二定律的基础，热力学第二定律就可以有无数种基于具体不可逆过程的表述了。

热力学第二定律强调了热能的特殊性，它是一种有别于其他形式的一种能量。这种特殊性造成了热机工作过程中，从高温物体获得热量并不能全部转化为有用功，必须有部分不能被利用而白白转移到低温物体中。也就是说，热能的转化受到限制，热能只能以有限的效率转化为其他形式的能量被人类利用。

四、可逆过程存在条件

因为热功转化是不可逆的，所以一个过程要成为可逆过程的话，必须排除系统中的功变热过程。而当系统存在耗散效应和非平衡过程时，都存在功变热的过程。所谓耗散效应是由于电阻热效应，磁滞现象等，机械能或电磁能转化为内能的现象。即造成过程的不可逆性的主要因素是非平衡特征和耗散效应。

所以可逆过程的条件是可逆过程＝无耗散效应＋准静态过程；不可逆过程就是 过程中有耗散效应或过程包含非平衡过程。

3.2　实际宏观过程的不可逆性

一、热力学第二定律的实质

两种表述具有共同的不可逆特征，借助于不可逆的概念，可以定性的揭示出热力学第二定律的实质：一切与热现象有关的实际宏观过程都是不可逆的。开氏表述表明热功转换过程的不可逆性，而克氏表述表明热传导过程的不可逆性。因为自然界的一切实际过程不可避免都会与热现象有联系，所以自然界中绝大部分的实际过程严格来讲都是不可逆的。

二、不可逆过程之间的联系

各种不可逆过程之间都存在着内在的联系，从一个不可逆过程可对另一过程不可逆性做出证明，即一切不可逆过程都可以利用热力学第二定律的开氏表述和克氏表述来给出过程所进行方向的问题。以下以热传导过程、气体自由膨胀过程和热功转换过程为例说明该问题。

1. 由热传导的不可逆性推证气体自由膨胀不可逆性

已知：热传导的不可逆性

求证：气体自由膨胀不可逆

证明：用反证法。先假设自由膨胀是可逆的。自由膨胀可逆，意味着气体体积可以在外界不做功的情况下自动由大变小，即气体可以自动收缩。

如图 3.4 所示，一个气体系统先经历等温膨胀过程，对外做功为 A；然后，因为自由膨胀可逆，系统可以自动收缩，在等温膨胀体积变大后，系统体积又自动收缩为原体积，在体积收缩的过程中，不需要外界付出功的代价，系统回复原状。紧接着，用等温膨胀过程中系统输出的功 A，驱动一个致冷机工作；致冷机在工作过程中，从低温热源吸收热量 Q_2，并把热量 $Q_2 + A$ 放到高温热源中。

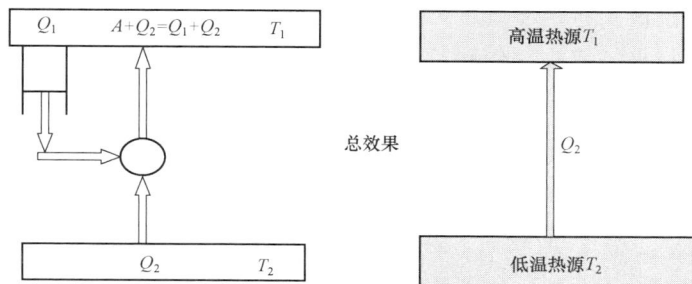

图 3.4　由热传导的不可逆性推证气体自由膨胀不可逆性

这两个进程完成后的总效果是由热量 Q_2 自动的从低温热源传到高温热源中了，即热传导是可逆的。此结果与已知矛盾，所以假设错误。证得气体自由膨胀的不可逆性。

2. 由气体自由膨胀不可逆性推断热功转换过程不可逆性

已知：气体自由膨胀不可逆

求证：热功转换过程不可逆

证明：用反证法。先假设热功转换过程是可逆的，即热机可以把从高温热源吸收的热量 Q 全部转化为对外所作的功，不向低温热源放热。

如图 3.5 所示，一个热机把从高温热源吸收的热量 Q 全部转化为对外所作的功 $A = Q$；然后，利用这个功推动自由膨胀系统经历等温压缩过程回复原状。在等温压缩过程中，系统向高温热源放热 Q。

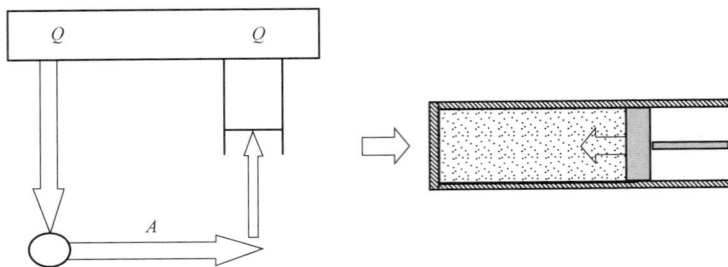

图 3.5　由气体自由膨胀不可逆性推断热功转换过程不可逆性

当这两个进程完成后的总效果是热源不发生变化，热机不发生变化，唯一变化就是系统的体积自动收缩了，即自由膨胀是可逆的。此结果与已知矛盾，所以假设错误。证得热功转换过程的不可逆性。

通过上面两个例子可以看出来，要基于热力学第二定律证明其他过程的不可逆性，就是要将这一过程与开氏表述的热功转换过程或克氏表述的热传导过程联系起来，找到它们和这两个过程不可逆性的关系，从而得出其他过程的可逆或不可逆性。热力学第一定律给出了热功转化的数量关系，说明热量和功具有等价性，而热力学第二定律却从能量的质上说明功与热量的本质区别，揭示了自然界中一切与热现象有关的实际宏观过程的不可逆性。

3.3　卡诺定理

热力学第二定律否定了第二类永动机，给出结论是热效率为 1 的热机是不可实现的。那么热机的最高效率可以达到多少呢？卡诺定律就是回答这一问题的。1824 年，卡诺在研究卡诺循环和热机时提出了卡诺定理。而之后直到 1850 年左右，热力学第一定律和热力学第二定律才被总结出来。卡诺定理对态函数熵的定义也起到了重要作用。

卡诺定理讲述了自然界中的某些基本事实，既包含热力学第零定律和热力学第一定律，同时也包含热力学第二定律的表述。但是，由于当时的时代背景，人们对热的本质还没有建立正确的认识，卡诺定理的普遍意义并未得到肯定和接受。

一、卡诺定理

（1）在相同的高温热源和相同的低温热源之间工作的一切可逆热机其效率都相等，与工作物质无关。

（2）在相同的高温热源和相同的低温热源之间工作的一切不可逆热机，其效率都不可能大于可逆热机的效率。

卡诺定理中的可逆热机指的一定是卡诺热机。因为一个循环过程只有一个高温热源和一个低温热源，则必定是由两条等温线和两条绝热线构成。卡诺定理中可逆热机是指能进行可逆循环过程的热机。不可逆热机指的是热机的循环不是可逆循环。

下面利用热力学第一定律和热力学第二定律证明卡诺定理。卡诺定理有两段独立表述，一段是关于可逆热机热效率的，另一段是关于不可逆热机热效率的，这两段表述要分别证明，所以卡诺定理的证明要分成两部分完成。

第一部分证明任意可逆热机热效率相等。要证明两个数量相等，除了直接证明相等外，还可以利用反证法证明两个数量既不存在大于关系，也不存在小于关系，就可实现证明相等的关系。

第二部分证明任意不可逆热机效率不大于可逆热机热效率。这一部分也可以用反证法，证明不可逆热机效率既不可能大于也不可能等于可逆热机热效率，就可实现证明小于的目的。

1. 任取甲和乙两部热机，并且甲、乙热机都是可逆热机

设甲热机完成一个循环，热力学第一定律形式为 $Q_1 = Q_2 + A$，热效率为 $\eta = \dfrac{A}{Q_1} = \dfrac{Q_1 - Q_2}{Q_1}$；乙热机完成一个循环，热力学第一定律形式为 $Q_1' = Q_2' + A'$，

热效率为 $\eta' = \dfrac{A'}{Q_1'} = \dfrac{Q_1' - Q_2'}{Q_1'}$。

利用反证法证明，也得分两个步骤完成，第一步是证明甲热机的热效率不大于乙热机的热效率，第二步是证明甲热机的热效率不小于乙热机的热效率。证明甲热机的热效率不大于乙热机的热效率，先假设甲热机的热效率大于乙热机的热效率，再找出和已知或原理相矛盾的地方。

（1）假设 $\eta > \eta'$

要把两个热机的物理量联系在一起，让乙热机做逆循环变成致冷机，让甲热机驱动乙制冷机，这样就可以使两部机械的数据产生联系，才能实现证明目的。

两个机械的工作进程和总效果如图3.6所示。

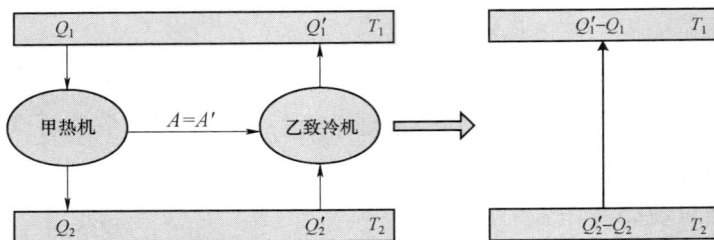

图 3.6　可逆热机效率相等的证明（一）

甲热机驱动乙制冷机，即 $A = A'$，$Q_1 - Q_2 = Q_1' - Q_2'$。

而 $\eta > \eta'$，即 $\dfrac{Q_1 - Q_2}{Q_1} > \dfrac{Q_1' - Q_2'}{Q_1'}$。所以可推得 $Q_1 < Q_1'$ 及 $Q_2 < Q_2'$。

所以有 $Q_2' - Q_2 = Q_1' - Q_1 > 0$，即有热量自动地从低温热源传到高温热源，违反了热力学第二定律的克氏表述。所以假设错误，即 $\eta \not> \eta'$。

（2）假设 $\eta' > \eta$

同理，让甲热机做逆循环变成致冷机，让乙热机驱动甲制冷机。

两个机械的工作进程和总效果如图3.7所示。

同理可证明 $\eta' \not> \eta$。

证得 $\eta' = \eta$

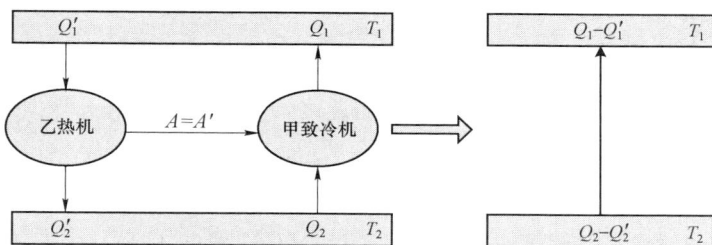

图 3.7　可逆热机效率相等的证明（二）

2. 任取甲不可逆热机和乙可逆热机

使乙做逆循环，则可证明 $\eta \not> \eta'$，即 $\eta \leqslant \eta'$。由于甲为不可逆热机，所以上述第二个步骤 $\eta' \not> \eta$ 不可证得。

若 $\eta' = \eta$，而乙做逆循环，甲驱动乙工作，有 $A = A'$。则 $Q_1 = Q_1'$ 且 $Q_2 = Q_2'$，这与甲不可逆热机和乙可逆热机这一已知条件相矛盾。

所以 $\eta < \eta'$。

卡诺定理揭示了热机效率的不可逾越的限度问题，即表述了某种不可能性。这种否定式的陈述方式，并不仅限于热力学范围。在相对论和量子力学中，正是由于发现了上述的"不可能性"，并将其作为基本假设，这些学科才能准确地表述自然界的各种规律。

卡诺在 1824 年就得到了热机效率的这种不可能性。克劳修斯从卡诺在证明卡诺定理的破绽中意识到在能量守恒定律之外还应有另一条独立的定律。也就是说热力学理论的基础是两条定律，而不是一条定律。最终，他于 1850 年同时提出了热力学第一定律和热力学第二定律。他仅对卡诺的证明方法做了极微小的修正，就严密地导出了卡诺定理。

阻碍卡诺取得更大成就的因素是两个，一个是卡诺有一个先入为主的错误理论——"热质说"，二是卡诺于 36 岁英年早逝。他能在短暂的科学研究岁月中做出不朽贡献，是因为他正确的物理直觉和善于采用科学抽象的思维方法，在错综复杂的客观事物中建立理想模型。

二、热机效率的极限

对任意一准静态循环过程，研究它的热效率极限问题。利用一组绝热线，将任一循环过程细分为 n 个准静态卡诺循环，如图 3.8 所示。首先研究第 i 个准静态卡诺循环，设 T_{i1} 和 T_{i2} 为第 i 个卡诺循环的高温热源和低温热源的温度，

则有第 i 个卡诺循环热效率为 $\eta_i = \dfrac{T_{i1} - T_{i2}}{T_{i1}}$。$T_m$ 为所有高温热源温度中最高的温度，T_n 是所有低温热源温度中最低的温度，有一热机工作于 T_m 和 T_n 间，则该热机热效率为 $\eta = \dfrac{T_m - T_n}{T_m}$。由于 $T_m \geqslant T_{i1}$，$T_n \leqslant T_{i2}$，所以 $\eta_i \leqslant \eta$，即

$\dfrac{Q_{i1} - Q_{i2}}{Q_{i1}} \leqslant \eta$，变形为 $Q_{i1} - Q_{i2} \leqslant \eta Q_{i1}$。这个不等式有 n 个，n 个不等式左边

之和小于等于右边之和，有 $\sum\limits_i Q_{i1} - \sum\limits_i Q_{i2} \leqslant \eta \sum\limits_i Q_{i1}$，即 $\dfrac{\sum\limits_i Q_{i1} - \sum\limits_i Q_{i2}}{\sum\limits_i Q_{i1}} \leqslant \eta$。

式中 $\sum\limits_i Q_{i1}$ 为 n 个小卡诺循环等温膨胀过程吸热之和，这也是此任意循环所有吸热分过程的总吸热；同理 $\sum\limits_i Q_{i2}$ 为 n 个小卡诺循环等温压缩过程放热绝对值之和，这也是此任意循环所有放热分过程的总放热的绝对值，即

$\dfrac{\sum\limits_i Q_{i1} - \sum\limits_i Q_{i2}}{\sum\limits_i Q_{i1}} = \eta_{任意}$。所以有

$$\eta_{任意} \leqslant \eta(T_m, T_n) \tag{3-1}$$

公式（3-1）的物理意义是指出了任意循环过程的效率不能大于工作于它所经历的最高温热源和最低温热源之间的卡诺循环的效率，即 $\eta_{任意} \leqslant 1 - \dfrac{T_n}{T_m}$。

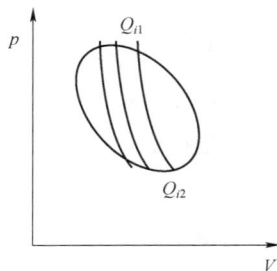

图 3.8　热机效率的极限

提高热机效率的途径。

1. 基于卡诺循环效率公式：提高高温热源的温度，降低低温热源的温度，不容易降低低温热源的温度，所以主要通过提高高温热源的温度提高效率。

2. 热机效率极限：选择循环，越接近卡诺循环越好。

3. 卡诺定理：尽量接近可逆机。

三、热力学温标

经验温标的局限性在于依赖测温物质和测温参量。开尔文在 1848 年在卡诺定理基础上建立了一种普适的理想温标，它不依赖于测温质，适用于任何

温度范围，这种温标就是热力学温标。

由卡诺定理可知，工作于两个温度之间的一切可逆热机的效率都相等，只是两个热源温度的函数与工作物质无关，即热力学温标的测温原理是工作在两个热源之间的可逆热机的吸收或放出的热量与两个热源的温度有关。热力学温标的测温质是工作于可逆热机中的热力学系统，测温参量是热量。取水三相点温度为标准温度点，并规定其温度 273.16 K，则热力学温标测温公式为

$$T = 273.16\,\text{K}\,\frac{Q}{Q_{\text{tr}}} \tag{3-2}$$

显而易见，热力学温标的特点。热量反映的是物体相互热传递作用过程中的特性，因此热力学温标不依赖测温质，具有普遍性，绝对性；但热力学温标不可实现。在理想气体温标能够确定的温度范围内，两温标标定的温度数值相等。

3.4　熵与热力学第二定律

由热力学第零定律定义了态函数温度，由热力学第一定律确定了态函数内能，那么热力学第二定律是否也能与某一态函数相联系呢？

热力学第二定律的实质是一切宏观实际过程的不可逆性。它表明热力学系统所进行的不可逆过程的初态和终态之间有重大的差异性，这种差异决定了过程的方向。由此可以预期，根据热力学第二定律能找到一个新的态函数，用这个态函数表征始末状态的差异来对过程进行的方向做出数学分析。要定义这个态函数，首先介绍克劳修斯等式。

一、克劳修斯等式

克劳修斯根据卡诺定理引入了态函数熵。克劳修斯在研究可逆卡诺热机时发现，对可逆卡诺循环热机而言，有 $\dfrac{Q_1}{Q_2} = \dfrac{T_1}{T_2}$，经恒等变形得到 $\dfrac{Q_1}{T_1} = \dfrac{Q_2}{T_2}$，移项后可得 $\dfrac{Q_1}{T_1} - \dfrac{Q_2}{T_2} = 0$，式中 Q_2 为放热的绝对值。考虑 Q_2 符号，定义 Q_2 为放热，则可得

$$\frac{Q_1}{T_1} + \frac{Q_2}{T_2} = 0 \qquad (3\text{-}3)$$

式（3-3）表明，在可逆卡诺循环整个循环过程中，热温比的代数和为零。而任意可逆循环过程可等效细分为 n 个卡诺循环，对 n 个卡诺循环而言有 $\sum_{i=1}^{2n} \frac{Q_i}{T_i} = 0$，而 $n \to \infty$，所以有

$$\oint \frac{\mathrm{d}Q}{\mathrm{d}T} = 0 \qquad (3\text{-}4)$$

上式称为克劳修斯恒等式。它表明，任一可逆循环过程中热温比的积分为零。

二、态函数熵

根据克劳修斯等式，对于任意可逆循环过程有 $\oint \frac{\mathrm{d}Q}{\mathrm{d}T} = 0$。取任一可逆循环过程，循环过程对应 $p-V$ 图中的闭合曲线，如图 3.9 所示。

a、b 为循环过程中任意两个平衡态，将闭合曲线分为两段，分别为可逆分过程 $\widehat{a1b}$ 和 $\widehat{b2a}$。对分过程分段积分有 $\int_a^b \frac{\mathrm{d}Q}{\mathrm{d}T} + \int_b^a \frac{\mathrm{d}Q}{\mathrm{d}T} = 0$，交换积分上下限，有

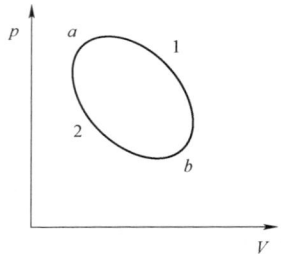

图 3.9 可逆循环过程

$\int_a^b \frac{\mathrm{d}Q}{\mathrm{d}T} = \int_a^b \frac{\mathrm{d}Q}{\mathrm{d}T}$。此式表明，可逆过程的热温比的积分与过程无关，只与初、末状态有关。对于通过态 a、态 b 的任意其他闭合路径，都可以得到相同的公式，只是连接始末状态的路径不同而已。说明可逆过程 $\frac{\mathrm{d}Q}{\mathrm{d}T}$ 的积分只与始末状态有关，而与中间路径无关，说明 $\frac{\mathrm{d}Q}{\mathrm{d}T}$ 是一个态函数的微分量，而且这个态函数也必定是与系统的一个性质相对应。

克劳修斯首先认识到这个量的本质和重要性，于 1854 年引入态函数 S，取名为熵。对于一个可逆过程，定义

$$\text{元过程：} \quad \mathrm{d}S = \frac{\mathrm{d}Q}{T} \qquad (3\text{-}5)$$

$$S_b - S_a = \int_{a可逆}^{b} \frac{\text{d}Q}{T} \quad （可逆）\tag{3-6}$$

$\text{d}S$ 表示系统熵的微小变化。上式表明系统从平衡态 a 变到平衡态 b 时，其熵增量等于态 a 经过任意可逆过程变到态 b 时的热温比积分，单位为 J / K。

关于熵应注意以下几点。

1. 熵是状态量

熵同内能和焓一样都是态函数。所以态函数熵可以写为 $S = S(p,T)$ 或 $S = S(p,V)$。

2. 熵是只具有相对意义的物理量

熵和内能一样，是只具有相对意义的物理量。要知道一个状态的熵等于多少，先选择参考态并规定其熵值为 0，才能确定其他状态熵值。

3. 熵是广度量

熵的定义式为热温比积分，根据定积分的性质可知熵具有可加性。既可对进程求和，即一个完整过程的熵增等于所有分过程熵增之和。比如一杯水温度由 0 ℃升高到 100 ℃的熵增等于这杯水在该过程中温度由 0 ℃到 30 ℃的熵增加上 30 ℃到 100 ℃的熵增；也可对部分求和，即系统的熵增等于各部分熵增之和。一杯 0 ℃水与 100 ℃的恒温热源相接触，温度由 0 ℃升高到 100 ℃。水和恒温热源组成复合系统，复合系统的熵增等于水的熵增加上恒温热源的熵增。

4. 熵与热温比积分的比较

虽然借助热温比积分定义了熵，但是熵与热温比积分是不同概念。热温比积分与过程有关。连接同一初始状态和末了状态的过程有无数个，其中包括无数个可逆过程和无数个不可逆过程。所有可逆过程的热温比积分都相等，都等于熵增；但是不可逆过程的热温比积分肯定不等于可逆过程的热温比积分，且无数个不可逆过程的热温比积分通常也互不相等。因为可逆过程的热温比积分都相同，所以用可逆过程的热温比积分度量了熵的变化。

5. 可逆的绝热过程是等熵过程

对可逆绝热过程有 $\text{d}Q = 0, Q = 0$，根据熵的定义式可得 $S_a - S_b = 0, S_a = S_b$。所以可逆的绝热过程是等熵过程。

6. $T - S$ 图（温-熵图，示热图）

由熵的定义式有 $\text{d}Q = T\text{d}S, Q = \int T\text{d}S$。此表达式表明我们以熵为横坐标，

温度为纵坐标建立坐标系,在此坐标系中可以画出 $T = T(S)$ 曲线,称为温熵图。温熵图中一点表示一个平衡一个平衡状态,一条线表示一个可逆过程;温熵图上曲线与横坐标所包围的面积为可逆过程中所吸收的热量,所以把温熵图又称为示热图。而温熵图中闭合曲线所包围的面积等于循环过程的总热量。根据热力学第一定律可知完成一个循环的总热量等于净功,所以此面积也是循环过程中完成一个循环后的净功。

在温熵图中,可逆等温过程是一条平行于横坐标的线,而可逆绝热过程是一条平行于纵坐标的线,所以可逆卡诺循环在温熵图中是一个矩形,如图 3.10 所示。AB 为等温膨胀过程,BC 为绝热膨胀过程,CD 为等温压缩过程,DA 为绝热压缩过程。矩形 $ABCD$ 所包围的面积就是卡诺循环过程完成一个循环后的净功或总热量。

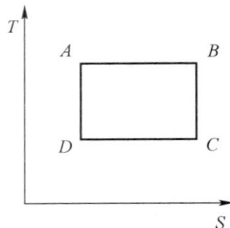

图 3.10 卡诺循环的温熵图

7. 可逆过程中,熵增的符号和热量的关系

对于可逆过程有

$$\delta Q = TdS, \delta Q > 0, dS > 0, S \uparrow$$
$$\delta Q < 0, dS < 0, S \downarrow$$

（3-7）

由式（3-7）可以看出,当可逆过程吸热时,熵增加;可逆过程放热时,熵减小。

8. 可逆过程的热力学基本方程（热力学第一定律）

由热力学第一定律 $dQ = pdV + dU$ 和熵的定义式 $dQ = TdS$ 可得仅适用可逆过程的热力学基本方程

$$TdS = pdV + dU$$

（3-8）

9. 熵增量的计算方法

因为熵增的定义是可逆过程的热温比积分,所以计算一个过程的熵增,第一步就是判断该过程是可逆过程还是不可逆过程,分两种不同的情况计算熵增。

（1）可逆过程熵增的计算

直接计算该可逆过程的热温比积分即得到熵增。

（2）不可逆过程熵增的计算

实际过程是不可逆的,该过程热温比积分不等于熵增量。为此需要以下步骤实现熵增的计算。① 设计一个与不可逆过程具有相同初始和末了状态的任一可逆过程；② 计算该可逆过程的热温比积分，求出熵增。第一步中虽然从物理本质上讲，可以选择与不可逆过程相同始末状态的任一可逆过程，但是从实际计算角度讲，只能设计由等体、等温、等压和绝热过程四个等值过程组成的可逆过程。

以下首先是可逆等体、可逆等温和可逆等压过程的熵增计算的例题。

例 3-1　（1）ν mol 理想气体等体摩尔热容为 $C_{V,m}$，经历一个可逆过程 AB，其中起始状态参量为 $A(p_0, V, T_0)$，末了状态参量为 $B(p, V, T)$，求 AB 过程系统的熵变。

（2）ν mol 理想气体等体摩尔热容为 $C_{V,m}$，经历一个可逆过程 AB，其中起始状态参量为 $A(p_0, V_0, T)$，末了状态参量为 $B(p, V, T)$，求 AB 过程系统的熵变。

（3）ν mol 理想气体等体摩尔热容为 $C_{V,m}$，经历一个可逆过程 AB，其中起始状态参量为 $A(p, V_0, T_0)$，末了状态参量为 $B(p, V, T)$，求 AB 过程系统的熵变。

解：（1）AB 过程为可逆等体过程，系统的熵变为过程中的热温比积分，所以有

$$\Delta S = \int \frac{\mathrm{d}Q}{T}$$

对可逆等体过程，有

$$\mathrm{d}Q = n\, C_{V,m} \mathrm{d}T$$

所以有

$$\Delta S = n\, C_{V,m} \ln \frac{T}{T_0}$$

（2）AB 过程为可逆等温过程，系统的熵变为过程中的热温比积分，所以有

$$\Delta S = \int \frac{\mathrm{d}Q}{T}$$

对可逆等温过程，有

$$\mathrm{d}Q = n\, RT \frac{\mathrm{d}V}{V}$$

所以有

$$\Delta S = nR\ln\frac{V}{V_0}$$

（3）AB 过程为可逆等压过程，系统的熵变为过程中的热温比积分，所以有

$$\Delta S = \int\frac{\mathrm{d}Q}{T}$$

对可逆等压过程，有

$$\mathrm{d}Q = nC_{p,\mathrm{m}}\mathrm{d}T$$

根据迈耶公式有

$$C_{p,\mathrm{m}} = C_{V,\mathrm{m}} + \mathrm{R}$$

所以有

$$\Delta S = nC_{p,\mathrm{m}}\ln\frac{T}{T_0}$$

例 3-2 理想气体向真空自由膨胀过程熵增

解：根据前面章节可知，对自由膨胀过程有 $Q=0, A=0, \Delta U=0$，是不可逆过程，所以不能将 $Q=0$ 代入热温比积分求得熵增。

首先要寻求一个和自由膨胀过程始末状态相同的可逆过程。自由膨胀的初始状态参量为 $A(p_0,V_0,T)$，末了状态参量为 $B(p,V,T)$，观察可以发现，自由膨胀过程中压强和体积变化，而温度不变，所以与自由膨胀过程相同始末状态的过程为等温膨胀过程。当然，不过不考虑计算过程的难易程度。也可以选择的其他相同始末状态的可逆过程，比如先由 $A(p_0,V_0,T)$ 可逆等压膨胀到 $C(p_0,V,T')$，再由 $C(p_0,V,T')$ 可逆等体降压到 $B(p,V,T)$。根据熵的可加性，由为 A 到 B 的熵增就等于 A 到 C 的熵增加上 C 到 B 的熵增。其至也可以构造其他相同始末状态的非等值可逆过程，这些可逆过程的热温比积分肯定都相等，都等于熵增。

接着，以可逆等温膨胀过程为例，计算可逆等温膨胀过程的热温比积分，可得系统熵增为

$$\Delta S = \int\frac{\mathrm{d}Q}{T}$$

$$\mathrm{d}Q = \nu R T \frac{\mathrm{d}V}{V}$$

$$\Delta S = \nu R \ln \frac{V}{V_0}$$

例 3-3　已知在 $p = 1\,\mathrm{atm}$，$T = 273.15\,\mathrm{K}$ 条件下，冰融化为水。熔解热 $l_m = 80\,\mathrm{cal/g}$。求 1 kg 冰化为水时的熵增。

解：实际的冰融化为水的过程肯定都是不可逆过程，所以计算该过程的熵增应遵循不可逆过程计算熵增的步骤。该过程的初始状态系统为 $T = 273.15\,\mathrm{K}$ 的冰，末了状态系统为 $T = 273.15\,\mathrm{K}$ 的水。分析实际过程不可逆的原因在于系统在由冰变成水的过程中需要与热源接触吸热，一般而言实际过程吸热时系统与热源之间肯定是有温差的。所以在设计可逆过程的时候选择放热的恒温热源，让恒温热源与系统温差为 $\mathrm{d}T$，而 $\mathrm{d}T \to 0$，即恒温热源的温度必须为 $T = 273.15\,\mathrm{K}$ 才能让系统由冰变水的吸热过程成为可逆过程。

（1）设计相同始末状态的可逆过程：冰水系统和一温度为 T 的恒温热源接触，缓慢吸热融化。

（2）计算可逆过程的热温比积分，得到熵增

$$\Delta S = \int_1^2 \frac{\mathrm{d}Q}{T} = \frac{1}{T} \int \mathrm{d}Q = \frac{Q}{T} = \frac{m l_m}{T} = 293\,\mathrm{cal/K}$$

三、热力学第二定律的数学表示

根据前面内容，对热温比积分而言，连接相同始末状态的无数个可逆过程的热温比积分都相等，并肯定不等于相同始末状态的不可逆过程热温比积分，且无数个不可逆过程的热温比积分通常也应互不相等。通过例 2 计算可知，自由膨胀过程和等温膨胀过程为两个连接相同始末状态的不可逆过程和可逆过程。自由膨胀过程的热温比积分等于零，而等温膨胀的热温比积分大于零，所以有

$$\int_{a可逆1}^{b} \frac{\mathrm{d}Q}{T} = \int_{a可逆2}^{b} \frac{\mathrm{d}Q}{T} = \cdots = \int_{a可逆n}^{b} \frac{\mathrm{d}Q}{T} > \int_{a不可逆1}^{b} \frac{\mathrm{d}Q}{T} \neq \int_{a不可逆2}^{b} \frac{\mathrm{d}Q}{T} \neq \cdots \neq \int_{a不可逆n}^{b} \frac{\mathrm{d}Q}{T}$$

由熵增定义式，方程左边等于熵增，即 $S_b - S_a = \int_{a可逆}^{b} \frac{\mathrm{d}Q}{T}$，上式可写为下列形式

$$S_b - S_a \geq \int_a^b \frac{\mathrm{d}Q}{T} \left\{ \begin{array}{l} = 可逆 \\ > 不可逆 \end{array} \right\} \tag{3-9}$$

微分形式：
$$dS \geqslant \frac{dQ}{T}$$

表达式（3-9）表明，可以借助过程热温比积分与熵增的大小关系区别过程的可逆或不可逆。当过程为可逆过程时，上式取等于号；当过程为不可逆过程时，上式取大于号。因此把上式称为热力学第二定律的数学表达式。在应用热力学第二定律数学表达式时需要注意两点。

（1）对可逆过程而言，T 既是热源温度，也是系统温度；对不可逆过程而言，T 仅表示热源温度。

（2）对特定初末状态，ΔS 一定，但热温比积分随过程改变。一切可逆过程的热温比积分相等，不可逆过程的热温比积分通常不相同，且都小于可逆过程的热温比积分。

四、熵增加原理

用熵表示的热力学第二定律——熵增原理，与热力学第二定律的经典表述相比，意义更深远，且超越了物理学范畴。

对绝热过程而言 $dQ = 0$，所以表达式 3-9 变为

$$S_b - S_a \geqslant 0 \left\{ \begin{array}{l} = 可逆 \\ > 不可逆 \end{array} \right\} \qquad (3-10)$$

微元过程：$dS \geqslant 0$

式（3-10）说明，热力学系统从一平衡态经绝热过程到达另一平衡态时，熵永不减少。将此结论推广到孤立系统，可表述为，一个孤立系统的熵永不减少。

孤立系统的自发过程是不可逆的，过程中熵不断地增加，直至到达平衡态取最大值，因此可利用熵的变化判断自发过程进行的方向和限度。在孤立系统中，自发进行的涉及与热现象有关的实际宏观过程必然向熵增加的方向变化。熵增原理是孤立系统中自发的不可逆过程具有方向性的判据。

熵增原理并不是说系统的熵就不能减少了，实际上，如果是在开放系统或非绝热系统中，系统的熵完全可以通过与外界的相互作用而减小。对非孤立系统而言，要使用熵增原理，可以把系统和相互作用的环境看作一个复合系统，此复合系统为孤立系统，就可利用熵增原理研究过程进行的方向的问题了。

　　熵增原理是热力学第二定律数学表达式的重要结论，也可以看出热力学第二定律的一般表述。它与能量守恒定律相似，两者都是对自然过程的限制：任何过程中一切相互作用的总体的总能量必定保持不变，但总熵必定不减小。

选读一——卡诺及其贡献

　　卡诺 1796 年出生于法国，其父亲在数学和物理方面有很高的造诣。卡诺在其影响下，自幼就喜爱自然科学。卡诺的理论基础十分扎实，他 16 岁就读于法国巴黎理工学校，18 岁毕业后到梅斯兵工学校学习军事工程，后到军队服役。服役后在巴黎学习物理学、数学等学科。蒸汽机在 18 世纪就已发明，18 世纪末蒸汽机在法国已被广泛使用，当时蒸汽机的主要问题就是效率低下，有 95%以上的热量都不能转化为有用功被浪费掉了。如何提高蒸汽机的效率就成为当时工程师和科学家关注的问题。卡诺的父亲率先研究了蒸汽机的热效率问题，他讨论了各种机械的效率，提出了机械效率最大的条件就是传送动力时不出现振动和湍流的结论。这实际上反映了能量守恒的基本思想，他的研究对卡诺有深刻影响。卡诺致力于蒸汽机的研究，想提高蒸汽机的热效率。和当时从事蒸汽机热效率的研究角度都不同，他考虑的不是蒸汽机工作过程中某一具体机械或环节的改进，而是从蒸汽机的工作原理出发，构造了理想热机，从理论上给出了提高蒸汽机热效率的途径，更具有普遍意义。1824 年，卡诺出版了《关于热动力以及热动力机的看法》，指出最好的热机工作物质是体积膨胀率最大的气体，并在给出理想热机和卡诺循环的前提下，提出了卡诺定理。他认为为了以更普遍的形式来考虑热产生运动的原理，就必须撇开任何机构或任何特殊的工作物质，必须建立蒸汽机原理。他去除一切次要因素，直接选择一个理想循环，他由这个循环出发，提出了一个普遍结论，即热的动力与用于实现动力的工作物质无关，仅取决于热质在其间转移的两个物体的温度，从而建立热量和机械功之间的理论联系。但是书中应用了错误的理论——热质说。1832 年，年仅 36 岁的卡诺不幸因患霍乱去世，为了防止疾病传染蔓延，他的物品连同书籍和手稿都被烧毁。在卡诺去世后的 1878 年，卡诺的弟弟公布了卡诺的笔记残页，人们发现早在 1830 年，卡诺就已经认识到热质说的问题，已经着手设计了测定热功当量的实验。

卡诺是第一个把热和动力联系起来的人，是热力学
的创始人之一。他的伟大在于他构造了最简单的循环过
程——卡诺循环，基于卡诺循环指明了提高热机效率的
理论途径，有重要的理论价值。卡诺定理提出了热力学
过程的不可逆性，并在热力学第二定律提出之前就得到
了热效率的"不可能性"的表述，是热力学第二定律的
先驱。他出版的著作《关于热动力以及热动力机的看法》
也被看做是热力学发展史上的重要里程碑。在卡诺研究
的基础上，1850 年克劳修斯提出了热力学第一定律和热

附图 1　萨迪·卡诺

力学第二定律克劳修斯表述。1851 年，开尔文提出了热力学第二定律的开尔
文表述。恩格斯评价卡诺，他差不多已经探究到问题的底蕴，阻碍他完全解
决这个问题的并不是事实材料的不足，而是一个先入为主的错误理论。恩格
斯所说的这个错误理论就是热质说，只要卡诺彻底抛弃热质说，又同时引用
热力学第一定律和热力学第二定律。就可以严密推导出卡诺定理来。卡诺之
所以在短暂的科研生涯中作出巨大贡献，就是因为他善于采用科学抽象的方
法，在错综复杂的数据中剔除次要因素，找到主要矛盾，建立理想模型，最
后揭示出复杂自然现象的物理本质。卡诺所提出的理想热机和质点、刚体、
理想气体等理想模型一样，都是客观事物最本质特征的反映。

分析卡诺的一生，可以发现阻碍卡诺取得更大成就的因素有两个，一是
使用了错误基础理论——"热质说"，二是卡诺于 36 岁英年早逝。而卡诺的成
就来自于他有正确的物理直觉，并善于采用科学抽象的思维方法，在错综复
杂的客观事物中建立理想模型。

选读二——物理规律的适用范围

任何一个自然现象的发生都不是偶然的，都是存在某种规律性的。物理
学的任务就是发现自然界中最普遍的规律，而物理规律就是将对自然现象的
客观规律用文字或数学语言的形式表达出来。物理规律一般都是在一定条件
下总结出来的，也就是说每一个物理规律都有它的适用范围。只有明确物理
规律的适用范围，即它的外延，才能准确地掌握规律。如果对物理规律的应
用范围不加限制，甚至会得出荒谬的结论。

一、经典力学和机械决定论

1. 机械决定论

根据牛顿第二定律 $F = ma$，以直线运动为例，若已知某一时刻 t_0 的位置 x_0 与速度 v_0，则牛顿第二定律完全决定了粒子在任一时刻的位置 $x(t)$ 和速度 $v(t)$。因为某一时刻 t_0 的位置 x_0 已知，而当速度 v_0 同时已知时，则意味着相继而来的下一时刻 $t = t_0 + dt$ 的位置，在 t_0 时刻就预先确定了 $x = x_0 + dx = x_0 + v_0 dt$。

若仅到此为止，即仅知道 t 时刻的位置 x，而不知道 t 时刻的速度，那么再下个时刻的位置就不能预测了。而牛顿第二定律提供了任一时刻的加速度 $a(t)$，依靠它，t 时刻的速度 $v = v_0 + adt$ 可由 t_0 时刻速度 v_0 确定。以此类推，可预测前后相继的任一时刻的位置和速度。粒子在空间绘出了一条明晰的连续轨道。

以上分析可知，牛顿所总结的动力学基本方程确定了表征外部对物体的力和表征物体运动状态变化的加速度的关系，加上牛顿第三定律所确定的两个物体之间相互作用的关系，从而建立了一个严格的用数值表示的机械运动因果公式。牛顿方程的解就是物体的运动轨迹，完全由两个初始条件位移决定。意味着根据体系在某一时刻的运动状态和外部作用力，就可以准确确定这个体系以往的和未来的运动状态。牛顿力学在天体运动中获得的奇迹般的巨大成功，使物理学家们认为它是自然科学牢固的最终基础，是科学解释的最高权威和最后标准，是宇宙万物运动必须遵循的根本法则。很容易就将经典力学的理论扩展到人类社会，认为宇宙本身就是一部严格遵循力学规律运动的精密大机器，一切都按照其间的作用力和力学运动方程刻板的运行着；宇宙间的一切运动变化，都是力学因果链条中的必然环节，不存在偶然性和奇迹。大自然是一座庞大的钟表，制造出来后，"一上发条"即给出初始条件，马上按其内在规律走动起来，同时严格的自然规律决定了每一个物质粒子未来的命运，这就是机械决定论，是一种近乎宿命论的令人窒息的决定论。

2. 必然性和偶然性

前面讲到，一旦力和初始条件确定下来，就能计算出质点以后的运动状态。换句话说，如果掌握了宇宙目前的状态和力，就可以计算出至少在原则上能够计算出宇宙的整个未来和历史。

但是显然，满足牛顿第二定律 $F = ma$ 的解有无限多个，或者说定律允许的可能发生的自然现象不是唯一的，而是无限多的。说明定律只能决定事件的一般特性，仅告诉事件将如何按定律发生，但不能告诉实际上将发生怎样的事件。定律不能直接同实际发生的事件相联系。实际发生的事件，是由初始条件和定律共同决定的。有了初始条件，才能从无限多种可能发生的自然现象中，挑选出实际发生的现象，才能决定方程的解。

自然界中发生的现象，是同现象发生的历史有关的，是由历史决定的。定律对自然界的限制是不完备的。历史把定律提供的可能性中的一种变为现实，而历史纯属是偶然的。例如若有一颗星从近处掠过太阳系，那么所有行星的轨道都将发生剧烈改变；而当那颗星离开之后，这些行星轨道都与以前大不相同。但行星掠过前后的太阳系结构，都是定律允许的可能轨道。再比如在打靶时，气流的干扰和手的颤抖等偶然因素，都将改变弹头的轨道，从而改变子弹在靶上的弹着点。从这个意义上讲，可以说在自然界中没有两个完全相同的力学体系。我们的世界，一个按必然性发展的世界却是由纯属偶然的因素造成的。这就是用牛顿力学认识这个世界的应有结论。

二、经典热力学和热寂说

热力学第一定律和热力学第二定律一起组成了热力学的理论基础，使热力学成为完整的理论体系。一般的物理学史都认为最早提出热寂说的物理学家是开尔文和克劳修斯。他们把热学原理错误地应用到整个宇宙中，得出宇宙热寂说。

开尔文是从机械能的耗散和热力学第二定律得出宇宙热寂说。开尔文在1852年的一篇关于自然界中机械能耗散的论文中提出，在自然界中占统治地位的趋向是能量不断耗散最终所有物体的工作能力减小到零，达到所谓的热寂状态。他在1862年发表的论文《关于太阳热的可能寿命的物理考察》中提到了"热寂说"。热力学第二定律蕴含着自然界的某种不可逆作用原理，这种不可逆作用原理表明，虽然机械能不可能消灭，但会不断耗散的普遍趋势。这种机械能的耗散在宇宙中会造成热量逐渐增加并扩散，最后达到热量的枯竭。那么宇宙的最终结果将不可避免地出现静止和死亡状态。随后1865年克劳修斯在论文《论热的动力理论主要方程的各种应用形式》中承认了开尔文的热寂说。克劳修斯把宇宙看作一个孤立的绝热系统，在这个系统中热的正向变化总是大于负向变化。因此他提出宇宙的能量是常量，宇宙的熵将趋于极大。当宇宙达到这一状态时，将不会再出现进一步的变化，宇宙将处于永远的死寂状态。正是在上述前提下，克劳修斯以结论的形式给出了热力学的两条基本原理，也是他提出的宇宙基本定律，① 宇宙的能量是恒定的；② 宇宙的熵趋于极大。1867 年，克劳修斯在《关于机械热理论的第二定律》的演讲中又进一步提出，宇宙越是接近于其熵为最大值的极限状态，它继续发生变化的可能性就越小；当它最后完全达到熵最大的状态时，就不会再出现其他变化了，宇宙将永远处于一种惰性的死寂状态。这就是克劳修斯的"热寂说"。

开尔文和克劳修斯提出的"热寂说"是有所不同的。开尔文认为把热力学第二定律推广到宇宙是有条件限制的，即假设宇宙是一个"有限"的体系；克劳修斯并没有做这样的限定，而是将热力学第二定律毫无条件地推广到整个宇宙。热寂说的提出在当时的社会上引起了巨大反响。因为它是基于严谨的科学定律而预言的世界末日，它造成了 19 世纪欧美国家的悲观主义。热寂说的荒谬未考虑宇宙的膨胀和引力效应，它把从有限空间和时间范围内的现象总结出的规律——热力学第二定律绝对化地推广到无限的宇宙中去了。

整个自然生态环境及其物种间的关系远比人类所了解的更复杂，科学技术应该成为促进、保护人类与自然和谐的力量。必须承认，尊重自然、理解自然，在和自然和谐相处中与自然共同发展，任重而道远。

选读三——经典物理学时空观

一、空间概念的历史回顾

历史上有两种对立的空间观念。第一种是在有空间概念以前，人们基于经验使用的位置概念。这种观念认为地球表面上每一个小部分都标有地名，标定位置的东西是具体的物体。"位置"作为一个可观测量，就是一群物质客体。空间观念是物质客体一种相互临近的次序，在经验中别无其他含义。按此观点，在物质与空间的关系上，空间只是物质的一种存在形式。"虚空空间"是不可观测的，也是没有意义的。第二种时空观念认为"虚空空间"是抽象思维的产物。比如一个箱子，可以容纳各种衣物，即箱子具有一种特性，叫箱子空间，起到了容器的作用。这个空间观念，同用何种箱子及箱子中是何种物质客体并无关系。通过"箱子空间"的自然推广，就使独立的"虚空空间"变得可以想象了。这个空间观念具有无限的广延性，所有物质客体无例外的处于这个虚空空间之中。按此观点，在物质与空间的关系上，物质只存在于空间之中，空间是独立于物质世界的一种实在。它是不可观测的，却是可以想象的。

牛顿、笛卡尔、惠更斯、莱布尼茨等物理学家都反对"虚空空间"独立存在的概念。笛卡尔认为，空间就是广延，而广延仅同物体有关。因此，没有不存在物体的空间，因而也就没有"虚空空间"。笛卡尔断言，有一种"以太"物质充满着宇宙。空间是由物质支撑的，空间只反映物体与以太的广延性。

笛卡尔的主要观点是说广延性概念来源于物体接触与排列的经验，这当然是正确的。但不能断言，广延这个概念不能推广到不存在这种经验的情况。概念的推广是否合理，是由它对经验理解的价值来判断的。因此，讲广延性只限于有形物体是没有根据的。古代的几何学家，所处理的仅是点、直线与平面这样的理想模型。而正是笛卡尔本人，在他所发明的解析几何学里，却把空间作为一个基本概念来处理。在这个虚空空间中，对质点运动学的出色描写，反过来加强了"虚空空间"的观念。

运动的相对性导致了参照系概念的产生。研究运动使空间观念复杂化了。比如一个大箱子 A 中放一个相对静止的小箱子 B，则 B 空间仅是 A 空间的一部分。两个箱子的空间，是指同一个空间。可是，当 B 相对于 A 运动的时候，虽然两者包围的是同一个空间，但 B 空间却是一个可动的部分。为此，有必要给每只箱子分派它所特有的空间，这些空间可以是无界的，又能彼此相对运动。这样的空间叫做参照系。

对运动的研究，需要无数个彼此相对运动的空间概念。问题还不止于此，对动力学的研究，摆在首位的就是要弄清作为整个物理学出发点的惯性定律的确切含义。不受力的质点，所作的匀速直线运动是相对于哪一个空间的呢？这样势必要把某一参照系的空间作为物体具有惯性的原因独立引出来。牛顿知道第一种空间概念即空间只作为物质客体的一种位置性质，是无法成为惯性定律的基础的。空间还要承担一种微妙的角色，在整个动力学理论的因果结构中，它应作用于一切物质客体，使他们无例外的具有惯性，可是这些物质客体却不能反过来给空间以反作用。这迫使牛顿对以上两种空间观念作出选择，提出了存在独立于物质客体以外的"绝对空间"的基本假设。

选用"绝对"两字有双重意义，既表明空间是作为同物质客体无关的独立存在着的不动的绝对物，又指出空间是物体普遍具有惯性的绝对原因。牛顿对自己的选择，即虚空空间及其运动状态都同样具有物理实在性是深感不安的。但是，如果要使他归纳的力学定律有确切清晰的物理意义，在当时的背景下他别无其他选择。而和他同时代最有批判眼光的人，如惠更斯、莱布尼茨等人，对牛顿的绝对空间进行激烈批评的地方，也正是牛顿自己深感疑惑的地方。莱布尼茨直到去世那年，在与牛顿的支持者克拉克的通信中还坚持认为，与物质分离的任何空间概念都没有哲学上的必要，在感觉经验中也没有任何办法可在无限多个惯性系中确定哪一个是不动的绝对空间。绝对空间是不可观察的，纯粹为了达到某种目的制造出来的。但反对者中没有一个人能用自己的动力学理论取代牛顿力学体系。托里拆利发明了水银气压计，并发现了真空的存在，使"虚空空间"的观念在经验中变得令人可信了。爱因斯坦多次提到，牛顿知道尽管他所创造的绝对空间观念是不能观察的，因而也是不能用实验证明的，但它在理解惯性定律中所起的巨大作用，迫使牛顿在力学基础中引进这个概念。这是牛顿天才的标志，是牛顿科学探索的最大成就之一。爱因斯坦认为牛顿的绝对空间，在他那个时代，是只有具有最高思维能力和创造力的人才能发现的唯一道路。一个为把绝对空间驱逐出科学之外而名垂千古的科学家，对牛顿引入绝对空间的评价却是如此之高，发人深思。

在牛顿力学中存在一个固有的认识论上的缺点，即找不到什么实在的东西能用以说明为什么惯性系中描写质点运动定律有特殊的优越性。实际上，消除这个缺陷的出路只有两条，一条是从理论上阐明惯性系之所以特殊和优越的物理原因，并在原则上能观察到这个原因；另一条是从理论上消除惯性系特殊和优越的物理地位。物理学的定律必须具有这样的性质，他们对于无论哪种方式运动着的参照系都是成立的。循着这条道路，把相对性原理推广到任意参照系中去。

牛顿本人看到了这个缺陷，但无法消除这个缺陷。他采用第一条出路引入绝对空间和绝对运动的观念，作为回答上述问题的"绝对因"。但这个原因是不可观测的，因而是一个虚构的原因。只有原因与结果成为可观察的经验事实时，因果律才具有陈述经验世界的科学意义。

1883 年，马赫在《力学的科学》一书的第二章第 6、7 节《牛顿关于时间、空间和运动的观点》中，对牛顿的绝对空间与绝对运动作了具有决定意义的批判。

马赫认为，谁也没有资格预言有关绝对空间和绝对运动的事情，它们是纯粹思维的东西，是纯粹精神的产物。经验不可能产生它们。力学原理是关于物体相对位置和运动的实验知识，即使这些力学原理在一些领域内被认为是有效的，但它们从来没有不经过实验检验就被接受的。任何人都没有理由把这些原理扩展到经验范围之外，事实上，这种扩展是无意义的。仅有相对运动才有意义，才是实验上可观察的。在不同参照系中发现自然规律有任何差别，都必然导致绝对运动，作为绝对运动的补充，需要引入绝对空间的概念。所以唯一的出路是自然规律的形式应与参照系的选择无关。一切参照系具有描述自然规律的同等地位，没有一个参照系处在特别优越的地位。从而无法探测到参照系本身的运动，把惯性系、绝对运动、绝对空间驱逐出实验科学的范围。

在这种思想的指导下，马赫针对水桶实验做出了与牛顿相反的假定——只有相对于恒星的速度才有意义。这种猜测，通常称为马赫原理。按照这种观点，只要在恒星参照系中观察到水桶是静止的，无论是恒星静止还是绕水桶作同样的旋转，水面形状都是平面，决不是抛物面。从而任何力学实验，无论从运动学角度，还是从动力学角度，都不能发现参照系本身处在什么运动状态。此时，惯性系、绝对加速度、绝对空间都会从包含马赫原理的理论中自动消失。当然，马赫原理只是一种猜测。整个恒星宇宙绕水桶旋转，在实验上是不可能实现的。因此，牛顿与马赫的两种观点哪个正确，在实验上既没有证实，也没有否定。

马赫指出的关于消除绝对运动的方向是自然定律形式与参照系的选择无关这一点，像一盏灯一样照亮了爱因斯坦创造广义相对论的道路。正像爱因斯坦所说，马赫的观点不能产生任何有生命的东西，只能消灭有害的虫豸。这个虫豸就是"绝对空间"的概念。

二、时间的概念

任何自然现象在人的感觉经验中总有前后相继的历史。形成"过去""现在"和"将来"等表达时间的概念。这个时间叫主观时间,是不可测度的。时间在人的经验中是连续的,但一个连续区决不会在它自身内部包含它的量度。为了量度时间,必须引入一个量度体系,即需要一个测量工具——钟。一个静止的钟,用数字指示出一系列由指针位置所代表的前后相继的物理事件,且使较迟的事件和较早的事件相比对应于较大的数字。钟可以理解为提供一连串可以计算的事件的东西。

凡是时间在里面起作用的一切判断,总是关于同时事件的判断。比如说:"那列火车七点到达这里",是说"我的表的短针指到七,同火车到达是两个同时发生的事件"。测量事件的钟,把关于事件发生的主观时间转化为可用数字表示的客观时间。对时间的测量,是以同时性概念为基础的。同时性概念,仅在可以被测量所实际断定时,才是真实和科学的。为此,必须建立同时性的操作定义。中心问题是,如何判定发生的两个物理事件的同时性。

一个固定位置,此位置上用一个静止钟,它的指针位置代表"时间"。用与时间同时发生的指针位置定义时间发生的时间。对同一地点发生的两个时间的同时性,在实验上做出判断是不成问题的。在一个固定的位置上,用钟定义发生在该位置的物理事件的时间,就是地方时间。空间每一点都可以定义一个地方时间。中心问题是如何判定发生在两地的两个物理事件的同时性。两地发生的物理事件的时间,无疑应由静止在两地的钟用各自的地方时间指示和记录。这样,就归结为两地静止钟指针位置同时性的判断了,即两地钟的同步问题。

在惯性系空间中,每一个位置都安着一个静止的钟,即每个点都有一个地方时间记录发生在该点的物理事件的时间。使静止在两地的钟同步有如下校正程序。① 用静止刚尺,测量出两地距离。② 指示守在两地的观察者,当各自的静止钟指针指到七点时,发出光信号。若不同时收到,对两个钟指针加以调节,直至同步为止。③ 两个钟同样处在静止状态,空间与时间的均匀性保证了两个钟一旦同步,就永远同步。以此操作,可以校正惯性系中所有静止钟。惯性系中每个地方时间同步了,物理事件就可用统一的时间表示了。从而有了惯性系的时间概念。在惯性系中,有理由用 (x, y, z, t) 来描述物理事件发生的位置与时间了。

三、绝对时空观

在牛顿力学范围内，时间与空间的测量与参考系的选取无关，这就是时间的绝对性和空间的绝对性。在两个作相对直线运动的参考系中，时间和长度的测量与参考系无关。空间两点之间的距离不管从哪个坐标系测量，结果都是相同的；同一运动所经历的时间在不同的坐标系中测量都是相同的，且时间和空间是彼此独立的，互不相关，并且不受物质和运动的影响。这种绝对时间可以形象地比拟为独立的不断流逝着的流水；绝对空间可比拟为能容纳宇宙万物的一个无形的、永不动的容器。经典力学的时空观是和大量日常生活经验相符合的。伽利略变换是绝对时空观的数学表述。

思考题

1. 简述热力学第二定律的两种表述。

2. 热力学第二定律的实质和数学表达式分别是什么？

3. 简述可逆过程和不可逆过程定义及可逆过程的条件。

4. 下列过程中是否可逆，为什么？

（1）当活塞与器壁无摩擦，且活塞极其缓慢地压缩容器中的气体。

（2）汽缸中的活塞迅速向外移动从而使气体迅速膨胀。

（3）用旋转的叶片使绝热容器中的水温上升。

（4）汽缸与活塞组合中装有气体，当活塞上没有外加压力，但塞与汽缸间有摩擦，气体缓慢地膨胀时。

（5）在一绝热容器内盛有液体，不停地搅动它，使它温度升高。

（6）在一绝热容器内，不同温度的液体进行混合。

5. 下列关于平衡过程和可逆过程的说法，哪种是正确的？为什么？

（1）可逆过程一定是平衡过程。

（2）平衡过程一定是可逆过程。

（3）不可逆过程一定是非平衡过程。

（4）非平衡过程一定是不可逆过程。

6. 开氏表述表明_____的不可逆性，而克氏表述表明_____的不可逆性。

7. 根据热力学第二定律判断下列说法是否正确。

（1）热量能从高温物体传到低温物体，但不能从低温物体传到高温物体。

（2）功可全部变为热，但热不能全部变为功。

（3）热机的效率能等于 1。

（4）等温膨胀把吸收的热量全部用来对外做功，违反热力学第二定律。

8. 简述卡诺定理的内容。

9. 什么叫热机效率的极限？

10. 提高热机效率的途径有哪些？

11. 克罗修斯等式与熵的引出有什么关系？

12. 熵的定义是什么？

13. 在理解熵的过程中需要注意哪些问题？

14. 给出熵增原理的表述。

15. 一杯热水置于空气中，它总是冷却到与周围环境相同的温度。在这个过程中这杯水的熵减少了，这与熵增原理矛盾吗？

计算题

1. 试用热力学第二定律证明等温线与绝热线仅相交一次。

2. 试用热力学第二定律证明两条等温线不能相交。

3. 1 mol 理想气体经历等温过程 ab，已知：$C_{V,\mathrm{m}} = \dfrac{5}{2}R$，$V_a = 15$ L，$V_b = 30$ L，求 ab 过程系统的熵变。

4. 1 mol 理想气体经历一个始末状态温度相等的不可逆过程 AB。已知：$C_{V,\mathrm{m}} = \dfrac{5}{2}R$，$A(p_0, V_0)$，其中 $p_0 = 1$ atm，$V_0 = 15$ m^3；$B(p, V)$，其中 $p = 0.5$ atm，$V = 30$ m^3，求 AB 过程系统的熵变。

5. 1 mol 理想气体由 300 K 经可逆定压过程从 0.02 m^3 膨胀到 0.04 m^3，已知：$C_{V,\mathrm{m}} = \dfrac{5}{2}R$，则气体的熵变为多少？

6. 1 mol 理想气体经历一始末状态压强相等的不可逆过程 AB。已知：$C_{V,\mathrm{m}} = \dfrac{5}{2}R$，$A(V_0, T_0)$，其中 $V_0 = 15$ m^3，$T_0 = 300$ K；$B(V, T)$，其中 $V = 30$ m^3，$T = 600$ K 求 AB 过程系统的熵变。

7. 把 0 ℃ 的 0.5 kg 的冰块加热到它全部溶化成 0 ℃ 的水，熔解热 $l_m = 330$ J / g。问水的熵变如何？

8. 初温为100℃，质量为 1kg 的铝块，掉入温度为 0℃ 的水中，试求此系统的熵变。

9. 有两个相同体积的容器，分别装有 1 mol 的水，初始温度分别为 T_1 和 T_2，$T_1 < T_2$，令其进行接触，最后达到相同温度 T。求熵的变化。（设水的摩尔热容为 C）

10. 把 1kg 的 20℃ 的水放到温度恒为 100℃ 的炉子上加热，最后达到 100℃，水和炉子的熵增各是多少？

第4章 分子动理论

大单元教学设计的核心环节

（一）单元教学内容解读

前三章用观察和实验的方法从宏观角度研究了热现象，定义了温度、内能和熵等宏观量，研究了宏观量之间的关系，解决了热功转换的关系和条件等问题。那么接下来，就要从微观上解释这些宏观热现象了。

要从微观角度去研究热现象，必须深入到分子层次去研究分子的热运动。而系统内的分子数量是大量的，使用统计的方法去研究大数分子集体表现的规律性。所以本章首先介绍了概率与统计的基本概念和基本方法。

分子间的相互作用力也会影响物质的热学性质，于是介绍了分子力的半经验公式。之后依据实际气体的实验数据，比如压强不大的情况下，分子间距较大以至于可以忽略分子力等，建立了理想气体分子微型，推导了理想气体的压强、温度与微观量的关系。

接着，在能量按自由度均分原理的基础上，将原子看作质点，分子考虑其形状和大小的前提下，考虑了分子的平动动能、转动动能、振动动能和振动势能四种能量形式，研究了刚性理想气体的内能，从微观上证明了理想气体的内能是温度的单值函数。

分子的速率和速度分布是研究分子热运动的最基本的问题。本章介绍了无外场的平衡态气体分子的麦克斯韦速率和速度分布律，介绍了保守力场下的玻尔兹曼分布规律。

要研究态函数熵的微观本质，首先要从微观上解释过程的不可逆性，由此得到熵的统计意义。

（二）需要思考的基本问题

引领性问题：宏观热现象的微观本质是什么？

问题一：从统计方法上来讲压强和温度产生的微观本质是什么？

问题二：宏观量压强、温度和微观量有什么关系？

问题三：对理想气体的分子有什么假设？

问题四：从微观上怎样理解理想气体的内能？

问题五：不受外力的平衡态气体分子的速率分布规律是怎样的？有什么物理意义？

问题六：当气体受到保守力作用时，它的分子分布又是怎样的？

问题七：从微观上怎样解释过程的不可逆性？

问题八：熵的微观本质是什么？

4.1　分子动理论的基本观点

分子物理的研究方法是以物质的原子分子结构和分子热运动概念为基础，运用统计的方法，解释与揭示物质宏观热现象及其有关规律的本质，并确立宏观量与微观量之间的关系。为了揭示热现象的本质，热学进一步发展必须深入到物质结构的微观层次。原子论的建立及发展反映了人类对微观世界的认知过程。

一、原子论发展简史

我们的世界丰富多彩，气象万千，万物种类繁多，形态各异，但是否具有共性？共性在哪儿？隐藏于物质多样性背后的统一性只有到微观层次中去寻找。费曼说道："假如在一次浩劫中所有的科学知识都被摧毁，只剩下一句话留给后代，什么语句可用最少的词包含最多的信息？我相信，这是原子假说，即万物由原子组成，它们永恒地运动着，并在一定距离以外相互吸引，而被挤压时则相互排斥。这一句话包含了有关这世界巨大数量的信息。"费曼这种说法一点儿也不过分，因为原子假说将告诉后代世界的本原是什么，告诉后代自然界这个"大魔方"的每一"魔块"是什么。

1. 经典原子论

早在古代，中国和西方哲学家对物质的结构就有许多设想。我国有金、木、水、火、土的五行学说。西方有古希腊的原子论。物质是由微小微粒子组成的这一观念，可以追溯到公元前 450 年左右的原子论的代表人物古希腊哲学家德谟克利特。他提出物质是由许多肉眼看不见的微粒构成的，他把这种微粒叫做"atom"，是希腊文中"不可分"的意思。他的思想后来得到伊壁鸠鲁的进一步发展。实际上原子论思想远超出物质结构的范畴，还带有哲学味道，但它没有给出原子的测量方法、标识方法，只是一种猜测性思辨。

17 世纪以后，科学家们在观察和实验的基础上，发展了古代的原子论，建立起今天的原子-分子论。1808 年，道尔顿提出的原子理论也是以物质结构论为基础的，他提出元素的概念，以质量为原子的基本特征，使原子有一个能用数量表达可用实验测得的特征；1811 年，意大利科学家阿伏伽德罗引进分子的概念，提出阿伏伽德罗分子假设——在同温同压下相同体积的任何气体都含有相同数目的分子。

经典原子论都把原子看作"莫破""宇宙之砖"，但在 19 世纪末到 20 世纪初，一系列新发现、新现象使"莫破"被彻底打破。

2. 量子原子模型

1897 年汤姆孙在阴极射线实验中发现了电子，证明"莫破"内部有结构。但是什么结构？无论是质量和电荷上都是未知的。1900 年普朗克为解释黑体辐射实验提出了能量的量子化，但其思想和成果并未立即用于对原子的讨论上面，而仍沿袭经典方法认识原子。1911 年，卢瑟福通过对 α 粒子散射实验结果的分析，建立了原子核式结构模型。玻尔在 1913 年根据光谱实验资料、原子核式结构模型和普朗克能量量子论，提出电子轨道量子化的结论。玻尔旧原子量子模型反映出电子只能处于定态能级上，跃迁时以 $nh\nu = \Delta E$ 辐射或吸收能量，由此可解决经典原子论留下的两个问题。但由于玻尔理论保留了经典力学电子轨道的概念，对电子的描述也简单化了，所以它除了较好地解释了氢光谱和类氢光谱外，在复杂原子光谱面前失去了效用，这在于它是"经典与量子的混血儿"，而不是彻底的量子化。

量子力学为原子问题的处理开辟了新的途径，1924 年德布罗意从光的二象性推断微粒的波动性，1925 年薛定谔和海森堡各自独立地建立了数学描述方法不同但本质相同的量子力学理论，用量子力学处理原子问题所得的结果更符合实验事实。

二、物质微观结构的物理图像

经典热学在微观角度研究热现象和热运动时，对物质的微观结构认识源于分子假设，包括如下三条。

1. 宏观物体是由大量微观粒子（分子或原子）组成的，组成物体的分子和原子间有间距。

很多自然现象都能说明这一特征。例如气体可以被压缩；压缩钢筒中的油，可以发现油从筒壁渗出的现象。这些事实都说明气体、液体和固体都是不连续的，它们都由微粒构成，且微粒间有间隙。

现在科学研究表明，任何宏观物质中都包含有极大数目的分子或原子，例如 1 mol 水中包含 6.02×10^{23} 个水分子。原子、分子的线度极小，不能用肉眼直接看到，一般分子的线度数量级为 $10^{-10} \, \text{m}^3$。

2. 构成物质的分子或原子都在不停地无规则运动，称之为热运动，热运动的剧烈程度与温度有关。

分子热运动的最形象化的实验是布朗运动。1827 年英国植物学家布朗从显微镜中看到悬浮在液体中的花粉在作不规则的杂乱运动。若将视线集中在某一微粒，可看到其不停地短促的跳跃，方向不断改变。这种微粒在液体中不停的无规则运动，称为布朗运动，运动着的微粒叫做布朗粒子。科学家对这一现象研究了 50 年，但都无法解释清楚。直到 1877 年，德尔索提出布朗运动是由悬浮微粒受周围液体分子碰撞不平衡产生的，布朗运动并非分子的运动，但它能间接反映液体内分子运动的无规则性。实验指出，温度越高，布朗运动越剧烈；微粒越小，布朗运动越明显。从而为分子无规则运动的假设提供了十分有力的实验依据。

3. 分子间有相互作用

固体、液体和气体是由大量运动着的分子组成的。固体和液体能保持一定的体积，说明相隔一定距离的固体和液体分子间存在着吸引力；固体和液体很难被压缩，这又表明分子间存在着相互排斥力。

实验表明，分子间作用力与分子间距离有关。当它们距离较大时，表现为吸引力；当它们距离变小时，就会出现斥力。

三、统计规律性

客观事物的变化一般地表现为两大类现象，包括必然现象和随机现象。

1. 必然现象与确定性数学模型

必然现象是指事物变化服从确定的因果关系，对结果可由初始条件和空间边界条件预知，可用数学中的代数方程、微分方程、积分方程及差分方程表述。

确定数学模型＝微分方程＋初始条件（或边界条件）

2. 随机现象与随机性数学模型

在某一条件下，某一事件可能发生也可能不发生叫随机现象或偶然事件，随机现象可能出现的每一种结果称为随机事件。随机现象整体遵从统计规律。所谓统计规律是支配大量个别偶然事件的整体行为的规律性。统计规律有下述特点：

（1）对大量个别偶然事件的总体起作用；

（2）随机事件数量越多，规律越明显；

（3）存在涨落现象，涨落现象是实际观测量与按统计规律求出的平均量之间出现偏离的现象，随机事件数量越多，涨落越不明显。

热力学系统含有大量分子或原子，求解所有粒子的运动方程既不可能又无必要。对于大数粒子而言，运用统计方法研究具有高度的可靠性。

3. 概率及其基本性质

某一随机事件 i 出现的次数 N_i 与总次数 N 在 $N \rightarrow \infty$ 时的比值为这一事件出现的概率。

$$P_i = \lim_{N \to \infty} \frac{N_i}{N} \tag{4-1}$$

概率的基本性质有：

（1）互斥事件中任一事件出现的概率为两者 P_i 之和；

（2）独立事件同时出现的概率为各自概率的乘积；

（3）任一随机现象中所有互斥事件概率之和等于 1，称为归一化条件，即

$$\sum_i P_i = 1 。$$

4. 分布函数

用来表示随机现象各种结果的变量叫做随机变量，用 x 表示。随机变量可以分为离散型随机变量和连续型随机变量。所谓离散型随机变量是指变量只能取一些分立的值，连续型随机变量是指可以连续。

对连续随机变量而言，不能说随机变量为 x 的概率，只能说随机变量在 x 附近区间 dx 内出现的概率 $dP(x)$。很明显，dx 越大，概率 $dP(x)$ 就越大。为了表示 dx 和 $dP(x)$ 的这种关系，引入函数 $f(x)$，而令 $dP(x) = f(x)dx$，根据概率的归一化条件，有 $\int_{x_1}^{x_2} f(x)dx = 1$，$f(x)$ 称为 x 处的分布函数或概率密度。

5. 统计平均值

统计分布最常用的求统计平均值，用来表示随机变量分布的特征。

对于离散型随机变量，若 N 次实验的随机变量 x 取 x_i 的次数为 ΔN_i，则随机变量 x 的统计平均值为

$$\bar{x} = \frac{\sum_i x_i \Delta N_i}{N} \tag{4-2}$$

当 $N \to \infty$ 时，表达式（4-2）可写为

$$\bar{x} = \lim_{N \to \infty} \frac{\sum_i x_i \Delta N_i}{N} = \lim_{N \to \infty} \sum_i x_i \frac{\Delta N_i}{N} = \sum_i x_i P_i \tag{4-3}$$

式中 P_i 为随机变量 $x = x_i$ 的概率。

若随机变量为连续型变量，则上式（4-3）可写为积分的形式，有

$$\bar{x} = \lim_{N \to \infty} \frac{\sum_i x_i \Delta N_i}{N} = \int_{x_1}^{x_2} x \frac{dN}{N} = \int_{x_1}^{x_2} x dP = \int_{x_1}^{x_2} x f(x)dx \tag{4-4}$$

需要注意的是算术平均值与测量次数 N 有关，而统计平均值则由分布函数决定，与 N 无关。

4.2 分子力

分子热运动和分子间的相互作用力是决定物质各种热学性质的基本因素，对气体而言，虽然分子热运动占支配地位，但分子力也并非完全不起作用。

一、分子力性质

分子由带正电的原子核和带负电的电子构成。对电子云中心与原子核不重合的极性分子如 CO_2 等而言，分子力起源于静电力；对于电子云中心与原子核重合的非极性分子如 O_2 和 H_2 等，分子力来源于量子效应。

二、分子力的唯象理论——f-r 曲线

分子间相互作用力很复杂，很难用简单的公式表示。一般在实验的基础上采用一些简化模型处理该问题。对于分子力，通常假设分子相互作用力具有球对称性，由此可得到半经验公式近似地表示两个分子之间的相互作用力。分子力公式为

$$f = \frac{C_1}{r^s} - \frac{C_2}{r^t} \tag{4-5}$$

式中 r 为两个分子中心间的距离，C_1、C_2、s、t 都是正值，且 $s>t$，其值由实验确定。对于不同分子，都有 $s \in (10,13), t \in (4,7)$。对分子力公式说明如下。

（1）根据球对称问题符号的一般规定，沿外法线方向为正，反之为负。所以方程右边第一项为斥力项，第二项为引力项。

（2）常数 s、t 为指数项且较大，说明随着分子间距 r 增大，分子力急剧减小，意味着分子力为短程力。$s>t$，说明斥力的有效距离比引力小。

（3）根据式（4-5）可做出 f-r 曲线，结果如图 4.1 所示。

（4）平衡距离和有效直径

从 f-r 曲线上可以看到分子间距有两个特殊位置，平衡位置 r_0 和有效直径 d。平衡距离 r_0 为引力斥力相互抵消的位置，即 $r = r_0$ 时，$f = 0$。对于不同物质的分子 r_0 数值略有不同，但数量级均为 10^{-10} m。下式给出分子力的数值随分子间距的变化结果，$f < 0$ 表明引力起主要作用，$f > 0$ 表明斥力起主要作用。

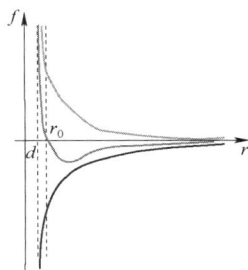

图 4.1　f-r 曲线

$$\begin{cases} r > 10^{-9}\,\text{m}, f = 0 \\ r > r_0, f < 0 \\ r = r_0, f = 0 \\ r < r_0, f > 0 \end{cases} \tag{4-6}$$

利用式（4-6）可以想象两个分子之间的正碰过程。设想一个分子静止不动，另一分子从很远处以一定的速度趋近该分子。起初，分子间距 $r > 10^{-9}\,\text{m}$，分子不受力，表现为匀速直线运动；当两个分子距离 $r < 10^{-9}\,\text{m}$ 时，分子力首先表现为引力，则运动分子加速直线趋近静止分子；直到 $r = r_0$，分子力为零，由于惯性，运动的分子没有停下来，分子间距变为 $r < r_0$，分子力为斥力，运动分子表现为减速直线运动，直至速率减小到零，两分子不再互相接近，以后分子在斥力的作用下又被推开。在整个正碰过程中，当分子速率为零时，两分子间距最小，将此间距记为 d。以两个弹性刚球正碰过程类比两分子的正碰过程，发现两个刚球正碰过程中最小距离就是刚球的直径，所以称两个分子碰撞过程中所能达到的最小距离 d 为分子的有效直径，即将分子看作是直径为 d 的弹性球体。有效直径 d 和平衡距离 r_0 数量级均为 $10^{-10}\,\text{m}$，只不过有效直径 d 比平衡距离 r_0 略小一些。

（5）分子间的势能曲线（$E_p - r$ 曲线）

分子力是保守力，可对应有势能，取 $r \to \infty, E_p = 0$，利用 $\mathrm{d}E_p = -f\mathrm{d}r$ 得

$$E_p = \int_{\infty}^{r} -f\mathrm{d}r = \frac{C_1'}{r^{s-1}} - \frac{C_2'}{r^{t-1}}，\ \text{其中：}\ C_1' = \frac{C_1}{s-1}, C_2' = \frac{C_2}{t-1}。$$

4.3 理想气体的压强

从统计方法的角度研究大数粒子的热运动始于 19 世纪，这种从分子热运动角度研究气体的热学性质所建立的理论称为分子动理论。分子动理论的主要特点是它考虑分子与分子间及分子与器壁间频繁的碰撞，考虑分子间的相互作用力，从个别分子运动遵守力学运动规律出发，而对大数分子的集体行为应用统计平均的方法。依据大数微观粒子运动的统计平均结果去研究宏观物体的热性质，建立宏观量和微观量平均值的关系。

一、气体分子热运动的基本特征

在常温常压下，气体的分子与分子之间有较大的距离，两相邻分子中心之间的平均距离数量级大约是分子本身线度（数量级为 10^{-10} m）的 10 倍左右，即数量级为 10^{-9} m。所以，通常情况下可以把气体看成分子间平均距离很大的大量分子的集合体。由于气体分子间距数量级为 10^{-9} m 的，因此分子之间的作用力除了在碰撞瞬间以外，是极为微弱的。分子在相继两次碰撞之间的运动可认为是在惯性支配下的自由运动。

由此可见，气体分子热运动主要表现为碰撞与自由运动两种形式的交替，而分子的碰撞又是极其频繁的。分子之间的频繁碰撞是气体分子热运动的基本特征。由于频繁碰撞，分子运动的径迹是曲折迂回、极不规则的折线，造成的结果就是分子热运动的无规则性。显然，在大量分子中间，各个分子运动情况可以有很大差异。各个分子运动完全是偶然的，但对大量分子的许许多多偶然性运动的整体而言，却表现出一定的必然性，即在宏观上表现出具有一定的温度、压强、和能量等，并遵从一定规律。

二、理想气体的微观模型

在前面章节，曾经给过理想气体的宏观定义，它是无限稀薄的气体。而理想气体的微观模型，需要从实际情况进行抽象、假设，建立物理模型。

1. 宏观模型：任何情况下都满足理想气体状态方程的气体。

2. 微观模型：对理想气体的分子模型提出了下述几点假设。

（1）不计分子本身的线度

实际气体并不是理想气体，实际气体分子总是占有一定体积。在常温常压下，分子间平均距离约为气体分子的线度的几十倍，相差一个数量级以上。一定量气体分子的体积远小于气体分子所占据的体积。因此，分子本身的大小比起分子之间的平均距离，可以忽略不计。

（2）除碰撞外，不计分子间的相互作用

常温常压下，气体分子间距数量级为 10^{-9} m。分子之间的作用力除了在碰撞瞬间以外，是极为微弱的。所以，可以认为除相互碰撞的瞬间以外，分子间相互作用力可以忽略不计。

当气体被贮存在容器中时，分子在运动过程中高度上的变化并不大，平均说来，分子动能的变化要比重力势能的变化大得多。所以，重力的影响也可忽略。

（3）碰撞是弹性的

分子之间以及分子与容器壁之间的碰撞都是完全弹性碰撞，因而气体分子的动能不因碰撞有所损失；器壁光滑，入射角等于反射角。

这样气体可看作是自由的、无规则运动的弹性质点集合，这种模型是理想气体分子模型。热学微观理论对理想气体性质的所有讨论都建立在上述三个基本假设的基础上。

实验指出，在常温下，压强在数个大气压以下的一些常见气体，例如氧气、氮气、氢气和氦气等，一般都能很好的满足理想气体物态方程。真实气体越稀薄，就越接近理想气体。

3. 统计假设

处于平衡态下大数分子所组成的系统遵循一定的统计规律性，满足统计平均假设。统计平均假设包括（1）在没有外场时，容器中任一位置处单位体积内的分子数不比其它位置占有优势；（2）在平衡态下，分子沿任一方向的运动不比其他方向的运动占优势。根据上述假设可以想见的结论有：（1）沿空间各方向运动的分子数目是相等的，即从一个体积元向上、下、左、右、前、后的分子数各为总分子数的 1/6；（2）分子速度在各个方向上分量的各种统计平均值应相等。分子速度在 x 方向、y 方向及 z 方向分量的统计平均值定义式为

$$\begin{cases} \overline{v_x} = \lim_{n \to \infty} \dfrac{\sum\limits_{i=1}^{n} v_{xi}}{n} \\[2em] \overline{v_y} = \lim_{n \to \infty} \dfrac{\sum\limits_{i=1}^{n} v_{yi}}{n} \\[2em] \overline{v_z} = \lim_{n \to \infty} \dfrac{\sum\limits_{i=1}^{n} v_{zi}}{n} \end{cases} \qquad (4\text{-}7)$$

根据上述统计结论可以得出

$$\overline{v_x} = \overline{v_y} = \overline{v_z} = 0 \qquad (4\text{-}8)$$

分子速度在 x 方向、y 方向及 z 方向分量的平方的统计平均值定义式为

$$
\begin{cases}
\overline{v_x^2} = \lim_{n \to \infty} \dfrac{\sum\limits_{i=1}^{n} v_{xi}^2}{n} \\[3mm]
\overline{v_y^2} = \lim_{n \to \infty} \dfrac{\sum\limits_{i=1}^{n} v_{yi}^2}{n} \\[3mm]
\overline{v_z^2} = \lim_{n \to \infty} \dfrac{\sum\limits_{i=1}^{n} v_{zi}^2}{n}
\end{cases}
\tag{4-9}
$$

根据上述统计结论可以得出 $\overline{v_x^2} = \overline{v_y^2} = \overline{v_z^2}$

而对第 i 个分子有 $v_{xi}^2 + v_{yi}^2 + v_{zi}^2 = v_i^2$

所以有 $\sum\limits_{i=1}^{n} v_{xi}^2 + \sum\limits_{i=1}^{n} v_{yi}^2 + \sum\limits_{i=1}^{n} v_{zi}^2 = \sum\limits_{i=1}^{n} v_i^2$

方程两侧同时除以 n 有 $\dfrac{\sum\limits_{i=1}^{n} v_{xi}^2}{n} + \dfrac{\sum\limits_{i=1}^{n} v_{yi}^2}{n} + \dfrac{\sum\limits_{i=1}^{n} v_{zi}^2}{n} = \dfrac{\sum\limits_{i=1}^{n} v_i^2}{n}$，即 $\overline{v_x^2} + \overline{v_y^2} + \overline{v_z^2} = \overline{v^2}$

所以有

$$
\overline{v_x^2} = \overline{v_y^2} = \overline{v_z^2} = \frac{1}{3}\overline{v^2}
\tag{4-10}
$$

三、气体压强本质的定性解释

早在 1738 年，伯努利出版的《流体动力学》一书中就设想气体压强来自粒子碰撞器壁所产生的冲量。在历史上首次建立了分子动理论的基本概念。他还由此导出了玻意耳定律。

任何宏观可测定量均是所对应的某微观量的统计平均值，所以气体压强是作无规则运动的大量分子碰撞器壁时，单位时间内作用在器壁单位面积上的平均冲量。这种碰撞是如此频繁，几乎可以认为是无间歇的，所施予的力也是恒定不变的。

四、理想气体压强公式

下面利用平衡态的统计假设和理想气体分子模型，推导平衡态下理想气

体压强公式，解释理想气体宏观量压强和微观量之间的关系。

设长方体容器边长分别为 l_1、l_2、l_3，其容积为 $V = l_1 l_2 l_3$，在长方体容器中有 N 个相同的气体分子，单个分子的质量为 m。这些分子在容器中做无规则的热运动，不断地与器壁碰撞。对分子与器壁的一次碰撞而言，碰撞一次就给器壁一定的冲量，一个分子的一次碰撞是偶然的。但是对于容器的大数分子而言，每一时刻都有大量分子与器壁发生碰撞，这种大量无规则事件的集体体现出一定的统计规律性，就是让器壁感受到一个持续作用的压力。根据气体平衡态统计假设，各个方向的各种统计平均值相等，所以气体内向各方向的压强应相等。因此只计算某一方向的压强即可。以水平向右为 x 轴，任选与 x 轴垂直的器壁 A_1 为例，推导压强公式。

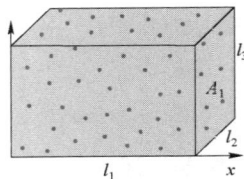

图 4.2　长方体容器中的平衡态理想气体系统

因为气体压强是单位时间内作用在器壁单位面积上的平均冲量。为了求出大量分子单位时间作用在单位面积上冲量，先求一个分子与器壁碰撞一次的冲量。

1. 求一个分子与 A_1 面碰撞一次的冲量

在容器中任取第 i 个分子，其速度为 v_i，v_i 在三个坐标轴上的分量为 v_{ix}、v_{iy}、v_{iz}。因为对 A_1 面而言，压强的方向在 x 轴方向上，所以在理想气体压强公式推导过程中，仅需关注 x 方向的冲量、动量及速度分量。

根据理想气体分子模型，第 i 个分子与 A_1 面的碰撞为弹性碰撞，所以碰撞前后的分子动能相等，即分子速率不变，还要求分子碰撞前的入射角等于碰撞后反弹回来的反射角。所以 x 方向的速度分量由 v_{ix} 变为 $-v_{ix}$。那么，分子在碰撞 A_1 面后的动量变化率为 $-mv_{ix} - mv_{ix}$。根据动量定理，分子受到 A_1 面的冲量为 $-2mv_{ix}$。那么，根据牛顿第三定律可知，分子每碰撞一次，施加在 A_1 面上的冲量为 $2mv_{ix}$。

2. 求 Δt 时间内，一个分子与 A_1 面碰撞多次的冲量

因为碰撞一次的冲量已知，所以要求一个分子与器壁碰撞多次的冲量，只需要求出碰撞次数，那么总冲量就等于碰撞一次的冲量乘以碰撞次数。碰撞次数用时间 Δt 来约束。计算在 Δt 这一小段时间内，第 i 个分子与 A_1 面碰撞多次，对 A_1 面产生的冲量。分子与 A_1 面碰撞后，反弹回来并飞向与 A_1 面相

对的面。与对着的面碰撞后又被弹回 A_1 面。所以与 A_1 面相继两次碰撞之间，分子在 x 轴方向上走过的位移绝对值的和为 $2l_1$。所以相邻两次碰撞之间的时间为 $\dfrac{2l_1}{v_{ix}}$，即每隔一段时间 $\dfrac{2l_1}{v_{ix}}$，分子就与 A_1 面碰撞一次。因此，在 Δt 时间内分子与 A_1 面碰撞的次数为 $\dfrac{v_{ix}\Delta t}{2l_1}$。所以分子在 Δt 时间内，施于 A_1 面的总冲量为 $\dfrac{\Delta t}{2l_1}v_{ix}2mv_{ix}=\dfrac{m\Delta t}{l_1}v_{ix}^2$。

3. 求 Δt 时间内，N 个分子与 A_1 面碰撞多次的冲量

处于容器内的平衡态气体系统，N 个分子的速率具有零到无穷大各种可能。所在 Δt 时间内，N 个分子碰撞 A_1 面所作用的总冲量为 $\Delta I=\displaystyle\sum_{i=1}^{N}\dfrac{m\Delta t}{l_1}v_{ix}^2=\dfrac{m\Delta t}{l_1}\displaystyle\sum_{i=1}^{N}v_{ix}^2$。

4. 求 Δt 时间内，作用于 A_1 面的平均冲力 $\overline{F}$

根据冲量的定义式 $\Delta I=\overline{F}\Delta t$，则 Δt 时间内，作用于 A_1 面的平均冲力即单位时间的平均冲力为 $\overline{F}=\dfrac{\Delta I}{\Delta t}=\dfrac{m}{l_1}\displaystyle\sum_{i=1}^{N}v_{ix}^2$。

5. 求作用于 A_1 面的单位时间单位面积上的平均冲力即压强

按压强定义得，$P=\dfrac{\overline{F}}{S}=\dfrac{\overline{F}}{l_2l_3}=\dfrac{m}{l_1l_2l_3}\displaystyle\sum_{i=1}^{N}v_{ix}^2$。将式子中的分子、分母同乘以 N，并令 $V=l_1l_2l_3$。整理得 $P=\dfrac{N}{V}m\left(\dfrac{\displaystyle\sum_{i=1}^{N}v_{ix}^2}{N}\right)$。定义分子数密度为单位体积内的分子数，则 $n=\dfrac{N}{V}$。由于 $\overline{v_x^2}=\left(\dfrac{\displaystyle\sum_{i=1}^{N}v_{ix}^2}{N}\right)$，表示容器内 N 个分子速度在 x 轴方向分量的平方的统计平均值。于是推得压强 $P=nm\overline{v_x^2}$。根据式（4-10），有

$$P = \frac{1}{3}nm\overline{v^2} = \frac{2}{3}n\left(\frac{1}{2}m\overline{v^2}\right) = \frac{2}{3}n\overline{\varepsilon_{\text{平}}}$$

$$P = \frac{2}{3}n\overline{\varepsilon_{\text{平}}} \tag{4-11}$$

式中 $\overline{\varepsilon_{\text{平}}} = \frac{1}{2}m\overline{v_2}$ 中的质量为气体分子质量，速率平方项为气体分子速率平方的统计平均值。式中求统计平均值的速率属于不考虑大小的分子的速率，代表的是分子的平动速率，所以将 $\overline{\varepsilon_{\text{平}}}$ 称为气体分子的平均平动动能。式（4-11）左边为宏观量压强，右边有微观量分子的平均平动动能，表达的是宏观量压强和微观量的关系，揭示的是压强这一宏观量的微观本质，所以称其为理想气体的压强公式。式（4-11）中的压强是只具有统计意义的物理量。它说明气体作用于器壁的压强决定于单位体积的分子数 n 和分子的平均平动动能 $\overline{\varepsilon_{\text{平}}}$，$n$ 和 $\overline{\varepsilon_{\text{平}}}$ 越大，压强就越大。由上面推导还可以得出结论，压强决定于碰撞一次的冲量大小和单位时间的碰撞次数。

4.4 温度的微观实质

把气体的压强公式和从实验得到的理想气体状态方程加以比较，可以找到气体的温度与分子平均平动动能之间的重要关系。

1 mol 气体中分子数用 N_0 表示，N_0 就是阿伏加德罗数，量值为 6.022×10^{23} mol^{-1}，设每个分子的质量是 m，那么气体的质量 $M = Nm$，摩尔质量 $M_{mol} = N_0 m$。由理想气体状态方程 $pV = \frac{M}{M_{mol}}RT$，得 $p = \frac{N}{V} \cdot \frac{R}{N_0}T$。式中 $\frac{N}{V} = n$，n 是单位体积中的分子数；R、N_0 都是恒量，两者的比值同样是个恒量，称为玻尔兹曼常量，用 k 表示，$k = \frac{R}{N_0} = 1.38 \times 10^{-23}$ J·K^{-1}。玻尔兹曼常量是描述一个分子或一个例子行为的普适常量，是奥地利物理学家玻尔兹曼于 1872 年引入的。虽然玻尔兹曼常量是从摩尔气体常数中引出的，但它的重要性要远远超过气体范畴，可用于一切与热相相联系的物理系统。玻尔兹曼常量与其他普适常量如引力常量、光速等一样，都是具有特征性的常量。即只要在任一公式中出现这一普适常量，就可看出该方程具有与之相对应的某方面特征。凡出现玻尔兹曼常量即表示与热物理学有关。

因此理想气体状态方程可改写为

$$p = nkT \tag{4-12}$$

将式（4-12）和气体压强公式（4-11），比较得

$$\overline{\varepsilon_{\Psi}} = \frac{1}{2}m\overline{v^2} = \frac{3}{2}kT \tag{4-13}$$

式（4-13）表明，宏观量温度只与微观量气体分子运动的平均平动动能有关。换句话说，该式揭示了气体温度的统计意义，即气体的温度是分子平均平动动能的量度。温度是大量分子热运动剧烈程度的集体表现，这就是气体宏观参量 T 的微观本质。

温度表征的是大数分子热运动的平均平动动能，不是系统整体定向运动的动能。微观上，温度和压强一样只具有统计意义。离开大数分子，对单个分子而言，谈论温度是毫无意义的。

按照这个公式，热力学零度将是理想气体分子热运动停止时的温度。然而，实际上分子运动是永远不会停息的，所以热力学零度也是永远不可能达到的。近代量子理论证实，即使在热力学零度时，组成固体点阵的粒子也还保持着某种振动的能量，称为零点能量。

4.5　能量按自由度均分定理

前面讨论气体的温度和压强时只考虑了分子的平动，不考虑分子的内容结构，把分子看作质点。在讨论能量问题时，不仅要考虑分子的平动，而且要涉及分子的转动和分子内原子间的振动。因此前面用于讨论理想气体压强和温度的分子模型已不适用于讨论能量。

在研究分子能量的时候，建立的分子模型假设相比于理想气体分子模型，区别就是认为分子有结构，但构成分子的原子仍可被看作质点。下面，利用这种模型研究分子无规则运动的能量所遵从的统计规律。

一、自由度的一般概念

前面章节，在讨论分子的无规则运动时，只考虑了分子的平动。其实，

分子的运动不仅限于平动。对于双原子分子和三原子分子等结构比较复杂的分子，除了平动外，还有转动和分子内原子间的振动。为了确定分子各种运动形式所具有的能量，需借助自由度的概念。

在力学中，确定物体在空间中的位置需要借助坐标。而确定物体空间位置的坐标并不都是彼此独立的，独立坐标的数目决定了物体在空间运动的自由程度，所有所谓自由度就是决定一个物体位置所需要的独立坐标数目。为了得到分子的自由度数目，先研究一下力学中两个典型理想模型质点和刚体的自由度。

先来说一说质点。根据质点的运动特点将质点自由度分成三种情况。

第一种是在空间自由运动的质点。一个质点在空间中自由运动，要描述该质点在空间的位置，以空间直角坐标系为例，在空间直角坐标系中，用一组坐标 (x, y, z) 表示点的位置。因为质点在空间中是自由运动的，所以坐标 x, y, z 三个变量彼此独立，意味着三个变量都是自由变化的，所以一个在空间自由运动的质点的自由度是 3 个。

第二种是在一给定面上自由运动的质点。如果质点被限制在一个给定平面或曲面上运动，对于确定质点位置的坐标 (x, y, z) 而言，三个变量需要满足一个平面或曲面方程 $f(x, y, z) = 0$。三个变量需要满足一个方程，则三个变量中独立变量为两个，因而在面上自由运动的质点有 2 个自由度。

第三种是在一给定线上自由运动的质点。如果质点被限制在一个给定直线或曲线上运动，对于确定质点位置的坐标 (x, y, z) 而言，三个变量需要满足一条直线或曲线方程 $\begin{cases} f(x, y, z) = 0 \\ g(x, y, z) = 0 \end{cases}$。三个变量需要满足两个方程，则三个变量中独立变量为一个，因而在线上自由运动的质点的自由度是 1 个。

再来看看刚体。在力学中，刚体的运动可以分解成质心的平动和绕通过质心轴的转动。因此，要确定空间中自由运动刚体的位置，既要确定刚体质心的位置，也要确定绕过质心的轴的转动，这样才能确定刚体中所有点在空间中的位置。所以，（1）确定质心的位置：用三个独立坐标 (x, y, z) 确定质心的位置，即确定质心位置需要 3 个自由度。（2）确定转轴的位置：过质心的转轴，确定位置只需要确定该条空间直线的方向即可。确定空间直线方向借助方向角 (α, β, γ)，而三个方向角之间有如下关系 $\cos^2 \alpha + \cos^2 \beta + \cos^2 \gamma = 1$，所以三个方向角只有两个是独立的，即确定转轴位置需要 2 个自由度。（3）

确定绕转轴的转动情况：描述定轴转动各点的位置借助角位置 θ，即确定绕转轴转动需要的自由度为 1 个。所以，对一个在空间自由运动的刚体而言，自由度一共有 6 个，其中三个平动自由度确定质心位置，三个转动自由度确定定轴转动情况。

下面借助质点和刚体的自由度来确定分子的自由度。分子在做永不停息的无规则运动，为了简化讨论过程，把分子看做刚性分子，认为构成分子的原子之间的距离不随时间变化，根据构成分子的原子数目，分情况进行讨论。

1. 单原子分子：原子可看作质点，所以单原子分子可看作空间自由运动的质点，所以单原子分子的自由度是 3 个。

2. 双原子分子：如果认为原子间距离保持不变，就意味着分子中的原子不发生振动，且这两个原子可视为质点，则可把它看作由两个距离保持不变的质点组成的刚性分子。那么，确定分子质心位置需要 3 个自由度。确定两原子的连线需要 2 个自由度。所以刚性双原子分子有 5 个自由度，3 个平动自由度，2 个转动自由度。

3. 多原子分子：三个或三个以上原子组成的分子，可看作空间自由运动的刚体，所以有 6 个自由度，3 个平动自由度，3 个转动自由度。

实际上，双原子或多原子分子并不是刚性的，在原子间相互作用力的支配下，分子内部要发生振动，因而还要考虑振动自由度。

二、能量按自由度均分定理

利用自由度的概念，来解决理想气体的内能问题。

由式（4-13）和式（4-10），可得 $\dfrac{1}{2}m\overline{v_x^2} = \dfrac{1}{2}m\overline{v_y^2} = \dfrac{1}{2}m\overline{v_z^2} = \dfrac{1}{3}\left(\dfrac{1}{2}m\overline{v_2}\right) = \dfrac{1}{2}kT$。

由上式可知，气体分子沿 x, y, z 三个方向运动的平均平动动能完全相等，即分子的平均平动动能 $\dfrac{3}{2}kT$ 是均匀地分配在每一个平动自由度上的。根据以上推导知道，相应于每一个平动自由度的平均平动动能是 $\dfrac{1}{2}kT$。这个结论虽然是对分子平动说的，但可以推广到气体分子的转动和振动运动形式。一般认为，任何一种可能的运动都不会比另一种可能的运动特别占优势，机会是均等的。而且平均说来，不论何种运动，相应于每一个可能自由度的平均动能都应相等。这一能量分配所遵循的原理，称为能量按自由度均分原理。根据这个原理，可以认为气体分子任一自由度的平均动能，和平动的任一自由度一样，都等于 $\frac{1}{2}kT$。因此，如果某种气体的分子有 t 个平动自由度，r 个转动自由度和 s 个振动自由度，那么分子的平均平动动能、平均转动动能和平均振动动能分别为 $\frac{t}{2}kT$、$\frac{r}{2}kT$ 和 $\frac{s}{2}kT$。而分子的平均总动能为 $\frac{1}{2}(t+r+s)kT$。

由振动学知道，弹性谐振子在一周期内的平均动能和平均势能是相等的。由于分子内原子的小振动可近似看作弹性振子的简谐振动，所以对每一个振动自由度而言，分子除了具有 $\frac{1}{2}kT$ 的平均振动动能外，还具有 $\frac{1}{2}kT$ 的平均振动势能，因而总的平均振动能量是 kT。所以一个非刚性分子平均总能量为 $\frac{1}{2}(t+r+2s)kT$。为了简便起见，以下把气体分子看作是刚性分子，平均总动能为 $\frac{1}{2}(t+r+s)kT=\frac{i}{2}kT$，$i$ 是分子的平动自由度与转动自由度之和。

需要强调的是只有系统处于平衡态才能用能量均分原理，能量均分原理本质上是关于热运动的统计顾虑，它不仅适用于理想气体，也可用于液体和固体。最早的能量均分原理可追溯到 1845 年，沃特斯顿首次提出了能量均分原理的思想。1860 年，麦克斯韦在只考虑分子平动的情况下提出能量均分原理的说法。1868 年，玻尔兹曼将这一说法推广到分子的其他自由度上。

4.6 理想气体的内能和摩尔热容

一、理想气体内能

先讨论物体的内能，物体除了具有各种形式的动能外，由于分子之间存在相互作用力，所以分子还具有与这种力相应的势能。因此，物体的内能是物体内所有分子的各种能量包括平动动能、转动动能、振动动能、振动势能和分子势能等的总和，称为物体的内能。对于理想气体，因为不计分子之间的相互作用力，因此，理想气体的内能只包括分子各种形式的动能和振动势能之和。而刚性的理想气体是忽略了振动运动形式，所以刚性理想气体内能为所有分子平动动能和转动动能之和。

设刚性理想气体的分子自由度为 i，则一个分子的能量为 $\frac{i}{2}kT$。那么，如果气体处于平衡态，温度为 T，的质量为 M kg，摩尔质量为 M_{mol} kg/mol，则其内能为 $U = \frac{M}{M_{mol}} N_0 \frac{i}{2} kT = \frac{M}{M_{mol}} \frac{i}{2} RT$。

由上述结果可以看出，一定质量的理想气体的内能决定于自由度和温度，而与气体压强、体积无关。对于物体而言，内能是状态的单值函数。对于理想气体，内能仅仅是温度的单值函数。以上结论从微观上证明了焦尔定律。

二、理想气体摩尔热容

同一种气体，在不同过程中，有不同量值的热容，最常用的是等容过程和等压过程中的两种热容。在等容过程中，气体吸取的热量全部用来增加自己的内能；在等压过程中，除一部分用来增加气体的内能外，还需另一部分转换为气体反抗外力所作的功。所以要气体升高给定的温度，在等压过程中所吸取的热量要比等容过程中多。由此看来，把这两种不同过程中的气体热容加以区分是十分必要的。固体或液体也有这两种热容，但是由于固体或液体的体胀系数很小，因热膨胀而对外作功可以忽略不计，所以两种热容的实际差值很小，一般不加区分。

1. 气体的定容摩尔热容

设有 1 mol 的气体，在等容过程中，吸取热量 $(dQ)_V$，温度升高 dT。理想气体的摩尔定容热容为 $C_{V,\mathrm{m}} = \frac{1}{\nu}\left(\frac{dQ}{dT}\right)_V = \frac{1}{\nu}\frac{dU}{dT}$。由于等容过程中 $(dQ)_V = dU$，所以对 1 mol 的理想气体来说 $C_{V,\mathrm{m}} = \frac{(dQ)_V}{dT} = \frac{dU}{dT}$。如果气体是刚性理想气体，那么在热力学温度 T 时，1 mol 气体的内能为 $U = \frac{i}{2}RT$，其中

i 是分子的自由度。所以当温度增加 dT 时，内能的增量为 $dU = \dfrac{i}{2}RdT$。代入上式，得

$$C_{V,\mathrm{m}} = \frac{dU}{dT} = \frac{\dfrac{i}{2}RdT}{dT} = \frac{i}{2}R \qquad (4\text{-}14)$$

因此，刚性理想气体的摩尔定容热容是一个只与分子的自由度有关的量，而与气体的温度无关。单原子分子自由度 $i = 3$，所以单原子理想气体的摩尔定容热容 $C_{V,\mathrm{m}} = 12.5\,\mathrm{J/mol \cdot K}$。双原子分子自由度 $i = 5$，所以双原子理想气体的摩尔定容热容 $C_{V,\mathrm{m}} = 20.8\,\mathrm{J/mol \cdot K}$。多原子分子自由度 $i = 6$，所以多原子理想气体的摩尔定容热容 $C_{V,\mathrm{m}} = 24.9\,\mathrm{J/mol \cdot K}$。

前面已经指出，理想气体的内能只与温度有关。所以 1 mol 的理想气体，在不同的变化过程中，如果温度增量都相同，那么气体吸取的热量和所做的功虽然随过程不同而不同，但是气体的内能增量却是相同的，与所经历的过程无关，都可用 $dU = \nu C_{V,\mathrm{m}}dT$ 来计算。

2. 气体的定压摩尔热容

设有 1 mol 的气体，在等压过程中，吸取的热量 $(dQ)_p$，温度升高 dT。根据迈耶公式，气体的摩尔定压热容为 $C_{p,\mathrm{m}} = C_{V,\mathrm{m}} + R$，得

$$C_{p,\mathrm{m}} = \frac{i}{2}R + R = \frac{i+2}{2}R \qquad (4\text{-}15)$$

对单原子和双原子的气体来说，摩尔热容的实验值与理论值相近。这说明古典的热容理论能近似反映客观事实。但是对分子结构较复杂的气体，即三原子以上的气体来说，理论值与实验值不符。另外实际上，气体的摩尔热容随温度是变化的。古典理论值和实验值不符的原因之一是由于忽略了分子的振动能量，而这种振动能量在结构复杂的分子中，或在温度很高的情况下，是不能忽略的。经典热容理论的缺陷产生的根本原因在于理论建立在能量均分定理的基础上，而此定理以经典力学概念为基础，认为单个分子运动服从经典力学规律，能量变化连续。实际上，讨论能量分布时分子平动动能可按均分原理计算，而分子转动和振动能量应按量子力学讨论。

例题 4-1　容器中贮有质量为 M，摩尔质量为 M_{mol} 的双原子分子气体，其压强为 p，温度为 T，求分子数密度，分子的质量，气体的密度，分子的

平均总动能，气体的内能。

解：根据理想气体状态方程 $p = nkT$，得分子数密度 $n = \dfrac{p}{kT}$

根据 $M_{mol} = N_0 m$，得分子的质量 $m = \dfrac{M_{mol}}{N_0}$，其中 N_0 为阿伏伽德罗常数

根据 $\rho = nm$，得气体的密度 $\rho = \dfrac{M_{mol}\,p}{N_0 kT}$

根据 $E_k = \dfrac{i}{2}kT$，i 为自由度，对双原子分子而言 $i = 5$，得分子的平均总动能 $E_k = \dfrac{5}{2}kT$

根据 $U = \dfrac{M}{M_{mol}}\dfrac{i}{2}RT$，得气体的内能 $U = \dfrac{M}{M_{mol}}\dfrac{5}{2}RT$

4.7　麦克斯韦分子分布定律

处于平衡态下的气体系统，并非气体中所有分子都以同一速率运动。实际上，在气体内部，分子以不同速率运动着，有的速率大，有的速率小，而且由于分子间的频繁碰撞，使每个分子的速率不断改变着。因此，如果在某一时刻去考察某一特定的分子，那么这个分子具有多大的速率，完全是偶然的。而对大量的分子来说，在一定条件下，它的速率大小有一定的分布，并遵从一定的统计规律。前面导出的方均根速率能描述大数分子系统的整体运动情况，但对研究分子速率分布的统计规律而言，是远远不够的。平衡态下气体分子的速率分布规律在 1895 年由麦克斯韦应用统计概念首先导出。研究这个规律，对于进一步理解分子运动的性质是很重要的。

用统计的方法研究气体分子速率分布情况，首先需要把速率区间分成若干相等跨度的区间。研究分子速率的分布情况，就是要知道，气体在平衡状态下分布在各个速率区间内的分子数及分子数占气体分子总数的百分率是多少，以及大部分分子分布在哪一个区间等。

假设气体的总分子数为 N，ΔN 为速率区间 $v - v + \Delta v$ 内的分子数。那么

$\dfrac{\Delta N}{N}$ 就是在这一速率区间内的分子数占总分子数的百分率。$\dfrac{\Delta N}{N\Delta v}$ 就是速率在 v 值附近的某单位速率区间内的分子数占总分子数的百分率。这一百分率可用来说明气体分子按速率分布的规律。

一、麦克斯韦分子速率分布定律

麦克斯韦利用理想气体分子三个方向上运动的独立性假设，导出了麦克斯韦速度分布律，随后得到了麦克斯韦速率分布规律。

1. 麦克斯韦分子速率分布定律

麦克斯韦指出，在热力学温度 T 时，处于平衡态的给定气体中，分子速率分布在区间 $v-v+\Delta v$ 内的分子数百分率 $\dfrac{\Delta N}{N}$，当 Δv 很小时，由下式表示：

$$\frac{\Delta N}{N}=4\pi\left(\frac{m}{2\pi kT}\right)^{\frac{3}{2}}\mathrm{e}^{-\frac{mv^2}{2kT}}v^2\Delta v=f(v)\Delta v \qquad (4\text{-}16)$$

式中 m 是该气体分子的质量，k 是玻耳兹曼常量。我们称这一结论为麦克斯韦速率分布定律。

其中函数 $f(v)$ 为

$$f(v)=\frac{\Delta N}{N\bullet\Delta v}=4\pi\left(\frac{m}{2\pi kT}\right)^{\frac{3}{2}}\mathrm{e}^{-\frac{mv^2}{2kT}}v^2 \qquad (4\text{-}17)$$

$\dfrac{\Delta N}{N\Delta v}$ 是单位速率区间内的分子数占总分子数的百分率，所以函数 $f(v)$ 的数值就表示这一单位速率区间内分布的分子数是多是少。因此函数 $f(v)$ 定量的反映了温度为 T 的给定气体分子速率分布的具体情况，所以称函数 $f(v)$ 为分子速率分布函数或称速率分布密度，而式（4-17）称为麦克斯韦分子速率分布函数。

2. 速率分布曲线

如果以分布函数 $f(v)$ 为纵坐标，以速率 v 为横坐标，可以描绘出一条曲线，这条曲线称为速率分布曲线。麦克斯韦速率分布曲线见图 4.3 所示，由曲线可得平衡态气体系统分子

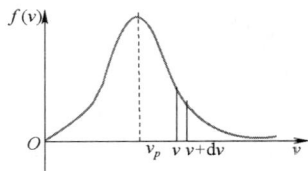

图 4.3　麦克斯韦速率分布曲线

速率分布的基本特征，曲线的物理意义及速率分布基本特征说明如下。

（1）分布函数 $f(v)$ 的曲线从坐标原点出发，$f(v)$ 的值随速率 v 的增加急剧的增大；到达极大值后，$f(v)$ 的值又随速率 v 的增加急剧的减小，并逐渐接近横坐标。这表明气体分子速率具有零到极大值各种可能。

（2）在任一速率区间 $v - v + dv$ 上，选取以分布函数 $f(v)$ 的值为高，以速率间隔 dv 为宽的狭条，则狭条面积为 $ds = \dfrac{dN}{Ndv} dv = \dfrac{dN}{N}$。说明狭条面积就是分布在这个速率区间 $v - v + \Delta v$ 内的分子数占总分子数的百分率。从分布曲线可以看出，在速率很大或速率很小的各相同速率区间跨度中画出的狭条面积都比较小。所以，气体内具有很大速率或很小速率的分子数都比较少，而具有中等速率的分子数则是大量的。

（3）对于一定量的理想气体，在不同温度下，速率分布曲线的形状也是不同的。对一定量气体来说，温度越高时，分布曲线越平坦。而分布曲线总面积的物理意义表示的是位于速率区间 $(0, \infty)$ 中的分子数占总分子数的百分率，该百分率应等于 1，即 $\int_0^\infty f(v)\, dv = 1$。称为分布函数的归一化条件。

3. 气体分子的三种统计速率

不可能也不必要知道每个分子的速率，分子的统计平均速率就能反映系统热运动的宏观特性。因此，求出分子的统计速率至关重要。

（1）最概然速率 v_p

和分布曲线极大值对应的速率称为最概然速率，用 v_p 来表示。最概然速率的物理意义是在一定温度下，对相同的速率间隔来说，分布在 v_p 所在的速率区间内的分子数占总分子数的百分率是最大的。也就是说，在这个温度下，气体分子发生接近于 v_p 大小的速率的几率是最大的。

令 $\dfrac{df(v)}{dv} = 0$ 可解得

$$v_p = \sqrt{\frac{2kT}{m}} = \sqrt{\frac{2RT}{M_{mol}}} \approx 1.4 \sqrt{\frac{RT}{M_{mol}}} \tag{4-18}$$

由式（4-18）得 $v_p \propto \sqrt{\dfrac{T}{m}}$。当温度升高时，最概然速率增加，分布曲线

的峰向右移动。由于分布曲线是归一化的，所以分布曲线下总面积应保持不变，所以，当温度升高时，分布曲线趋于低平。这个结果用 $f(v_p)$ 的值也可以说明。将 v_p 代入 $f(v)$，得 $f(v_p) \propto \sqrt{\dfrac{m}{T}}$。说明 $f(v_p)$ 的值随着温度升高将减小，和曲线变平缓的结果完全一致。

（2）平均速率 $\bar{v}$

比 v_p 数值略大的统计速率是分子的平均速率 $\bar{v}$。平均速率就是全部分子速率的统计平均值。由式（4-4）可得，$\bar{v} = \int_0^\infty v f(v) \mathrm{d}v$，将麦克斯韦速率分布函数带入，计算可得

$$\bar{v} = \sqrt{\frac{8kT}{\pi m}} = \sqrt{\frac{8RT}{\pi M_{mol}}} \approx 1.6 \sqrt{\frac{RT}{M_{mol}}} \tag{4-19}$$

（3）方均根速率 $\sqrt{\overline{v^2}}$

比平均速率 $\bar{v}$ 数值略大的统计速率是方均根速率，记作 $\sqrt{\overline{v^2}}$。它的公式为 $\overline{v^2} = \int_0^\infty v^2 f(v) \mathrm{d}v$，将麦克斯韦速率分布函数带入，计算可得

$$\sqrt{\overline{v^2}} = \sqrt{\frac{3kT}{m}} = \sqrt{\frac{3RT}{M_{mol}}} \approx 1.7 \sqrt{\frac{RT}{M_{mol}}} \tag{4-20}$$

在室温下，三种分子统计速率的数量级一般都是几百米每秒。这三种统计速率应用在不同的问题中。在讨论速率分布的时候常用的是最概然速率；在讨论分子碰撞和分子平均自由程是常用的是平均速率；在计算分子平均动能时用到的是方均根速率。

二、麦克斯韦分子速度分布定律

和速率分布规律研究过程相似，要研究平衡态气体内分子的速度分布规律，求得气体分子速度的 x 分量在 $v_x - v_x + \mathrm{d}v_x$，$y$ 分量在 $v_y - v_y + \mathrm{d}v_y$，$z$ 分量在 $v_z - v_z + \mathrm{d}v_z$ 区间内的分子数占总分子数的百分率 $\dfrac{\mathrm{d}N}{N}$ 即可。麦克斯韦研究得到，在平衡态下，该百分率为

$$\frac{\mathrm{d}N}{N} = \left(\frac{m}{2\pi kT}\right)^{\frac{3}{2}} \mathrm{e}^{-\frac{m\left(v_x^2 + v_x^2 + v_z^2\right)}{2kT}} \mathrm{d}v_x \mathrm{d}v_y \mathrm{d}v_z \tag{4-21}$$

这个结论称为麦克斯韦速度分布律。

例题 4-2　设有 N 个粒子的系统，其速率分布如图所示，求：（1）速率分布函数 $f(v)$ 的表达式；（2）a 和 v_0 的关系；（3）平均速率。

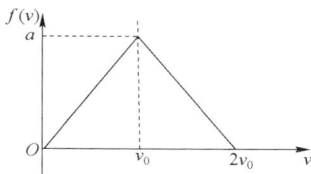
例题 4-2 图

解：（1）速率分布函数 $\begin{cases} f(v) = \dfrac{av}{v_0} (0 \leqslant v \leqslant v_0) \\[2mm] f(v) = -\dfrac{av}{v_0} - 2a (v_0 \leqslant v \leqslant 2v_0) \end{cases}$

（2）根据归一化条件可知三角形面积为 1，则 $av_0 = 1$

（3）根据平均速率定义式 $\bar{v} = \int_0^\infty v f(v) \mathrm{d}v$，得

$$\bar{v} = \int_0^{v_0} v \frac{av}{v_0} \mathrm{d}v + \int_{v_0}^{2v_0} v \left(-\frac{av}{v_0} - 2a \right) \mathrm{d}v = av_0^2 = v_0$$

4.8　玻尔兹曼分布规律

在麦克斯韦分布律中，指数项只包含了分子的平动动能，微分元只有 $\mathrm{d}v_x, \mathrm{d}v_y, \mathrm{d}v_z$。这说明麦克斯韦分布规律考虑的是分子不受外力影响的情形。玻尔兹曼把麦克斯韦分布律推广到分子位于保守力场中运动的情形。在这种情况下，用外场中的分子能量 $\varepsilon = \varepsilon_k + \varepsilon_p$ 取代 ε_k，ε_p 为分子在保守力场中的势能。一般来说，势能随坐标而定，则保守力场中的分子在空间分布是不均匀的。所以，此时所考虑的分子分布应该是这样分布的分子，不仅它们的速度被限定在一定的速度区间内，而且它们的位置也被限定在一定的坐标范围内。

一、麦克斯韦—玻尔兹曼分布

气体系统在保守力场中处于平衡状态，系统由大量经典分子组成，其中坐标介于 $x - x + \mathrm{d}x$，$y - y + \mathrm{d}y$，$z - z + \mathrm{d}z$ 区间内，同时速度介于 $v_x - v_x + \mathrm{d}v_x$，$v_y - v_y + \mathrm{d}v_y$，$v_z - v_z + \mathrm{d}v_z$ 区间内的分子数为

$$dN = n_0 \left(\frac{m}{2\pi kT} \right)^{\frac{3}{2}} e^{-\frac{(\varepsilon_k + \varepsilon_p)}{kT}} dv_x dv_y dv_z dxdydz \qquad （4-22）$$

其中 n_0 为 $\varepsilon_p = 0$ 处的分子数密度。由式（4-20）可知，若 $\varepsilon_1 > \varepsilon_2$，则 $dN_1 < dN_2$，说明分子先占据低能状态。

二、玻尔兹曼分布（分子按势能分布）

当只求分子按位置分布而不限制速度时，则速度分量取遍所有值。用 dN' 表示速度为任意值 $P(x, y, z)$ 处 $dxdydz$ 内的分子数，则

$$dN' = \iiint dN = n_0 e^{-\frac{\varepsilon_p}{kT}} dxdydz \iiint \left(\frac{m}{2\pi kT} \right)^{\frac{3}{2}} e^{-\frac{\varepsilon_k}{kT}} dv_x dv_y dv_z \qquad （4-23）$$

由式（4-21）的归一化条件可得，$\iiint \left(\frac{m}{2\pi kT} \right)^{\frac{3}{2}} e^{-\frac{\varepsilon_k}{kT}} dv_x dv_y dv_z = 1$，则

$$dN' = n_0 e^{-\frac{\varepsilon_p}{kT}} dxdydz \qquad （4-24）$$

根据分子数密度的定义，势能为 ε_p 处单位体积中的具有各种速度的分子数密度为 $n = \dfrac{dN'}{dxdydz}$，则式（4-24）变形为

$$n = n_0 e^{-\frac{\varepsilon_p}{kT}} \qquad （4-25）$$

其中 n_0 为 $\varepsilon_p = 0$ 处的分子数密度。

玻尔兹曼分布律是一个普遍规律，它对任何保守场或等效保守场中的任何微粒均成立。

三、重力场中微粒按高度分布

下面研究在重力场中分子的分布规律。在重力场中，ε_p 可用 mgz 表示，n_0 为 $z = 0$ 处的分子数密度，则式（4-25）变为

$$n = n_0 e^{-\frac{mgz}{kT}} \qquad （4-26）$$

由式（4-26）可知：

1. 分子数密度 n 随高度 z 指数减小。

2. 分子质量 m 越大，分子数密度 n 减小得就越快。说明重力的作用使得

分子靠近地面；温度 T 越高，分子数密度 n 减小得就越慢，说明热运动使分子均匀分布。最后，重力和热运动的共同作用形成了气体分子的特定分布结果。

3. 同样的温度 T 和高度 z 处，分子质量 m 越小，n 减小的越慢。因此氢气分子随高度减小的最慢。

四、等温气压公式

将大气看作理想气体，且近似认为各高度温度都相等，由式（4-12）和式（4-26），可得等温气压公式，如式（4-27）所示。

$$p = p_0 \mathrm{e}^{-\frac{mgz}{kT}} = p_0 \mathrm{e}^{-\frac{M_{mol}gz}{RT}} \tag{4-27}$$

其中 $p_0 = n_0 kT$ 为 $z = 0$ 处的压强。

进而，由式（4-27）得

$$z = \frac{RT}{M_{mol}g} \ln \frac{p_0}{p} \tag{4-28}$$

式（4-28）表明，可以通过测量压强来估算高度。

4.9　气体动理论与热力学定律

至此，认识了热现象的微观认识，对分子分布规律也做了讨论。下面讨论熵的微观本质及热力学第二定律的微观本质。

一、热力学第二定律的统计意义

热力学第二定律的实质是实际宏观过程的不可逆性，所以要研究热力学第二定律的微观本质，就要解释不可逆过程的微观本质。下面以自由膨胀过程为例，对过程的不可逆性过微观解释。

1. 自由膨胀过程不可逆的微观解释

为了简单起见，讨论由 4 个全同分子组成的气体系统。假设有一个容器被挡板分为体积相等的两部分 A 和 B。刚开始，四个分子在 A 部分自由运动。抽出挡板后，四个分子在整个容器中运动。现四个分子在容器中的可能分布，可以从微观态和宏观态两个角度分析。

系统的微观状态是从微观角度对系统的描述。从微观角度来讲，认为系统内每个分子都有标记，能独立识别。比如上面所说的 4 个分子，可以依次打上 a, b, c, d 的标记，每一个分子都和其他分子是不同的，能被独立识别。所以所谓微观态就是有标记的分子的不同分布状态。而从宏观角度来看，没有能力和没有必要区分每一个分子，认为上面所说的 4 个分子不可区分，所以宏观态就是只按分子数分布状态的状态。下面从宏观态和微观态两种角度对 4 个分子抽出挡板后的分布状态做分析，分析结果如表 4-1 所示。

表 4-1　自由膨胀不可逆的微观解释

序号	宏观态	微观态		宏观态对应的微观态数目	宏观态几率	热力学几率
		A	B			
1	···· |	$abcd$	0	1	1/16	1
2	··· | ·	bcd acd abd abc	a b c d	4	4/16	4
3	·· | ··	ab ac ad bc bd cd	cd bd bc ad ac ab	6	6/16	6
4	· | ···	a b c d	bcd acd abd abc	4	4/16	4
5	| ····	0	$abcd$	1	1/16	1

我们关注的是任意一个宏观态出现的可能性，即宏观态概率。任意一个宏观态出现的可能性依赖于它所包含的微观态数目及各个微观态出现的可能性。关于微观态出现的可能性问题，统计物理学建立了一个基本假设——等概率法则。等概率法则认为热力学系统每一个可能的微观态出现的概率都相等。由等概率法则可知

$$宏观态几率 = \frac{宏观态包含的微观态数目}{所有微观态数目} \tag{4-29}$$

4 个气体分子的自由膨胀各宏观态几率见表 4-1 所示。因为在一个确定的问题中，微观态的总数往往是确定的，只是每个宏观态包含的微观态数目不相同。比如上例中，关于 4 个分子分布的问题确定后，微观态总数目 16 就是确定的。这样，通过比较微观态数目就可以说明不同宏观态出现的概率。所以建立热力学几率的概念为

$$热力学几率 W = 宏观态包含微观态数目 \qquad （4\text{-}30）$$

4 个气体分子的自由膨胀各宏观态的热力学几率见表 4-1 所示。

2. 气体自由膨胀过程不可逆性的微观解释

如表 4-1 所示，4 个气体分子的自由膨胀的末了状态共有 5 个可能的宏观态和 16 个可能的微观态。若假设每个微观态出现的概率都一样，则自动收缩对应的宏观态应为第一个宏观态，则该宏观态概率为 $\dfrac{1}{16} = \dfrac{1}{2^4}$。这个结果说明有气体自动收缩是有可能发生的，意味着自由膨胀过程存在可逆性。但是对于大数分子的气体系统而言，以 1 mol 气体系统为例，系统有 N_0 个分子，则自动收缩概率为 $\dfrac{1}{2^{N_0}} \to 0$。说明，对于大数分子的系统而言，自动收缩是不可能观察到的。

3. 热力学第二定律的统计意义

根据以上分析可知，一个孤立系统内所发生的过程，其方向总是由概率小的宏观态向概率大的宏观状态进行。这个结论指明了孤立系统所进行过程的方向性问题，正是热力学第二定律的本质，所以这句话表达的就是热力学第二定律的统计意义。

二、熵的微观解释

1. 熵与无序度的关系——玻尔兹曼熵

无序是相对于有序来讲的。利用对称性可以证明，粒子在空间分布越处处均匀，分散得越开，即粒子数密度在空间分布上的差异越小的系统越无序；反之，粒子空间分布越是不均匀，越是集中在某一很小区域内，则越有序。举例说明，在相同温度下，气体要比液体无序，液体要比固体无序。在密闭容器的气体中，若有一部分变为液体，即其中部分分子密集于某一区域呈液体状态，这时无序度变小；其逆过程，液体蒸发为气体，无序度变大。

要注意的是，有序并非整齐，气体分子均匀分布是整齐的，但它却是最无序的。相反，气体分子集中于某一角落中，这并不整齐，却是较有序。

有序和无序不仅表现在粒子的空间分布上，也表现在时间尺度上，即反映在热运动的剧烈程度上。分子热运动越剧烈，系统温度越高，无序度就越大。等温膨胀过程熵增加，体积变大，分子分散到更大空间中，显而易见，无序度增加了；一定量理想气体，在体积不变的情况下升高温度，熵增加，无序度也增加。说明熵与微观粒子的无序度之间有直接关系。或者说，熵是系统微观粒子无序度大小的量度。由表 4-1 可以看出，越均匀的宏观态对应的微观态的数目越多，所以宏观系统的无序度可以用微观状态数目即热力学几率 W 来表示的，所以将玻尔兹曼熵定义为

$$S = k \ln W \tag{4-31}$$

式中 k 为玻尔兹曼常量。

2. 熵的微观解释

对于一个宏观态就有一个热力学几率 W 与之对应，因此也就有一个熵值与之对应，所以熵是一个态函数。热力学几率 W 越大，无序程度越高，S 就越大。因此，熵的微观解释为态函数熵 S 就是系统无序程度的量度。

通过前面的学习，克劳修斯熵只对系统的平衡态才有意义。因为平衡态的熵最大，所以克劳修斯熵是玻尔兹曼熵的最大值。明显可见，玻尔兹曼熵的定义具有更普遍的意义。

三、热力学第二定律的微观解释

熵增原理的数学式为 $\Delta S \geqslant 0$，实际上也是热力学第二定律的数学表达式。因此由熵的本质可看出热力学第二定律又可描述为，自发过程进行的方向总是从有序程度高的状态向无序程度高的状态进行。

选读一——熵

熵的本质是什么？热力学是热学的宏观理论，不能解释热现象的微观本质，要从本质上理解熵，必须深入到原子分子的微观角度。前面通过引入有序和无序的概念，给出玻尔兹曼熵的定义，下面从多个角度入手解释熵，讨论熵增原理。

一、熵与可用能

当系统具有做功的能力时，系统具有能量。在力学中，定义了描述运动的物体具有做功能力的动能，由于物体间相对位置发生变化而做功的势能，这些能量都是借助变化过程中功的多少而定义的。在热学中，自然界发生的所有实际过程中所涉及的各种形式的能量最后都将转化为热能。机械能代表的是物体宏观定向运动的能量，而热能代表的是分子无规则热运动的能量。机械能转化为热能，意味着有规则的定向运动的能量转化为无规则热运动的能量，根据熵增原理。此时系统的熵是增加的。而相反的过程，即无规则的热运动自发的转化为有规则的定向运动，在实际当中是观察不到的。

虽然热能不能自发地全部转化为对外所做的有用功，但是利用热机可以将一部分热能转化为对外所做的有用功。而热机将热能转化为功的效率取决于高温热源和低温热源的温度。高温热源的温度越高，热机所输出的热能可用于对外做功的潜力就越大，也就是说高温热源的热能的品质就越高。热机在工作过程中，从高温热源所获得的热能，一部分转化为对外所做的有用功，另一部分一定会传递给低温热源。只有这样，热能转化为有用功的过程整个系的熵才能增加，从而满足熵增原理。所以如果说能量表征了物体对外做功能力的大小，那么熵就是物体的这种对外做功能力的降低。因此，熵其实就是能量退化或耗散的程度，熵增加的过程其实就是系统对外做功能力降低的过程。

自然界中蕴含着巨大的热能，但是这些热能并不能让人类拿来随意使用。当使用地球上的煤炭等天然资源时，能量的总值虽然不变，但是能量的品质就会从有用能转为为不可用的能量，其可以利用的程度随着不可逆过程的发生而降低，这种能量品质的变化正是用熵增原理来定量描述的。

二、熵与信息

玻尔兹曼熵不仅对熵做了微观解释，而且为后来将熵的概念推广到信息系统奠定了重要的理论基础。他把宏观态熵与微观状态数目联系起来，以概率的形式定义和描述了熵，这种做法对信息科学、生命科学的发展都起到了关键的推动作用，对后期的科学与技术的发展产生了及其深远的影响。

物理学家劳厄曾说过，熵与概率的联系是物理学最深刻的思想之一。熵概念的泛化正是在此基础上进行的。在自然界，存在着大量可以用概率描述的随机事件，这些随机事件的集合就是信息源，把热力学几率扩展为每个事件出现的概率就创立了信息熵。

信息一词由来已久，日常可用于指消息，作为科学用语，信息是指自然界及人类社会等信息源发生的各类被使用者接受和理解的信号。信息往往以文字、图像、声音等形式出现。为了定量计算信息的多少，注意到一个性质就是在缺乏任何先验信息的情况下，表述正确的概率越大，则表述的信息量越小。1948 年，信息论创始人香农从仅有两种可能性的等概率出发给出了信息量的定义。把从两种可能性中作出判断所需的信息量称为 1 比特，并把比特作为信息量的单位。一个事件的信息量 Q 的定义为 $Q = -k \lg P$，其中 P 是事件的概率，k 是正常数。若式中对数以 2 为底及 $k=1$，则信息量 Q 就是用比特来度量的。如果有一组事件，概率分别为 P，则信息量为 $Q_i = -k \lg P_i$，则其平均信息量 S 为 $S = \sum_i Q_i P_i = -k \sum_i P_i \lg P_i$，这个平均信息量称为香农熵。这个香农熵公式和热力学熵的吉布斯表示式完全相同。这种对信息的理解完全抽去了信息的载体，在信息定量化的过程中又与物理学中的熵概念搭上了关系，从而使他在极为广泛的领域都能使用。

选读二——简谐振动的能量

下面以弹簧振子为例来解释简谐振动的能量。实际上，任何一个简谐振动的物体，由于它们受到的合外力为线性回复力 $F = -kx$，都相当于一个弹簧振子。不同的是，它们的 k 值不是劲度系数，而是其他的由系统的力学性质决定的常数而已。

利用简谐振动方程及其速度方程，可得任意时刻一个弹簧振子的弹性势能 $E_p = \dfrac{1}{2}kx^2 = \dfrac{1}{2}kA^2 \cos^2(\omega t + \varphi)$ 和动能 $E_k = \dfrac{1}{2}mv^2 = \dfrac{1}{2}m\omega^2 A^2 \sin^2(\omega t + \varphi)$，由

$\omega^2 = \dfrac{k}{m}$ 可得 $E_k = \dfrac{1}{2}kA^2 \cos^2(\omega t + \varphi)$。因此弹簧振子的机械能 $E = E_p + E_k = \dfrac{1}{2}kA^2$。

可见弹簧振子动能、势能随时间变化，且动能最大时势能最小，势能最大时动能最小，所以动能势能相互转化，但总机械能是守恒的。所以简谐振

动系统是一个能量封闭的系统。弹簧振子的总能量和振幅的平方成正比，这一点对其他的简谐振动系统也是正确的。这意味着振幅不仅描述简谐振动的运动范围，而且还反映振动系统能量的大小。弹簧振子的机械能不随时间改变，即其能量守恒。这是由于无阻尼自由振动的弹簧振子是一个孤立系统，在振动过程中没有外力对它做功的缘故。

思考题

1. 简述分子假说。

2. 气体分子热运动的基本特征是什么？

3. 简述理想气体宏观定义和微观定义。

4. 一定量的理想气体贮存在容器中处于平衡态，根据理想气体分子模型和统计结论，分子速度在 x 方向分量的统计平均值是多少？分子速度的统计平均值是多少？

5. 在理想气体压强公式的推导过程中，哪些步骤用到了理想气体分子模型假设？哪些步骤用到了统计假设？

6. 试从分子运动论的观点解释：为什么当气体的温度升高时，只要适当的增大容器的容积就可以使气体的压强保持不变？

7. 简述理想气体温度公式的物理意义。

8. 关于温度的意义，有下列几种说法，分析每一种说法正确与否，为什么？

（1）气体的温度是分子平均动能的量度。

（2）气体的温度是大量气体分子热运动的集体表现，具有统计意义。

（3）温度的高低反映物质内部分子运动剧烈程度的不同。

（4）从微观来看，气体的温度表示每个气体分子的冷热程度。

9. 单原子分子自由度_____个，$C_{V,\mathrm{m}} = $_____，双原子分子自由度_____个，$C_{V,\mathrm{m}} = $_____，三原子乃至多原子分子的自由度_____个，$C_{V,\mathrm{m}} = $_____。

10. 简述能量按自由度均分原理。

11. 如果某种气体的分子有 t 个平动自由度，r 个转动自由度和 s 个振动自由度，那么分子的平均平动动能、平均转动动能和平均振动动能、平均振动势能分别为_____、_____和_____、_____。而分子的平均总动能为_____，平均总能量为_____。

12. 简述系统的内能、理想气体的内能、刚性理想气体的内能的定义。

13. 简述麦克斯韦分子速率分布律。

14. 已知一定量的某种理想气体，在温度为 T_1 与 T_2，分子最可几速率分别为 v_{p1} 和 v_{p2}，分子速率分布函数的最大值分别为 $f(v_{p1})$ 和 $f(v_{p2})$，若 $T_1 < T_2$，比较 v_{p1} 和 v_{p2} 及 $f(v_{p1})$ 和 $f(v_{p2})$ 的大小关系。

15. 简述下列各表达式的物理意义。

（1） $f(v)$ （2） v_p （3） $\dfrac{\Delta N}{N}$ （4） $f(v)\mathrm{d}v$

（5） $Nf(v)\mathrm{d}v$ （6） $\displaystyle\int_{v_1}^{v_2} f(v)\mathrm{d}v$ （7） $\displaystyle\int_{v_1}^{v_2} Nf(v)\mathrm{d}v$ （8） $\displaystyle\int_0^\infty vf(v)\mathrm{d}v$

（9） $\dfrac{1}{2}kT$ （10） $\dfrac{3}{2}kT$ （11） $\dfrac{3}{2}RT$

16. 简述热力学第二定律的统计意义。

计算题

1. 一容器内储有 32 g 氧气，其压强 1 atm，温度为 $T = 300\,\mathrm{K}$。计算：

（1）单位体积内的分子数；

（2）氧气的密度；

（3）氧分子的质量；

（4）分子的平均平动动能和平均总动能；

（5）系统的内能；

（6）最概然速率。

2. 氢分子的有效直径为 d，计算标准状态下氢气瓶中氢气的分子数密度和平均速率。

3. 试证：麦克斯韦分布函数 $f(v) = 4\pi\left(\dfrac{m}{2\pi kT}\right)^{\frac{3}{2}} \mathrm{e}^{-\frac{mv^2}{2kT}} v^2$ 相对于最可几速率 v_p 的形式为 $f(v) = \dfrac{4}{\sqrt{\pi}} v_p^{-3} \mathrm{e}^{-\frac{v^2}{v_p^2}} v^2$。

4. 试由 $\dfrac{\Delta N}{N}=4\pi\left(\dfrac{m}{2\pi kT}\right)^{\frac{3}{2}}\mathrm{e}^{-\frac{mv^2}{2kT}}v^2\Delta v=f(v)\Delta v$，求速率在区间 $v_p-1.01v_p$ 内的气体分子数占总分子数的比例。

5. 试由 $\dfrac{\Delta N}{N}=4\pi\left(\dfrac{m}{2\pi kT}\right)^{\frac{3}{2}}\mathrm{e}^{-\frac{mv^2}{2kT}}v^2\Delta v=f(v)\Delta v$ 证明最概然速率与它所对应的麦克斯韦分布函数值成反比。

6. 试由 $\dfrac{\Delta N}{N}=4\pi\left(\dfrac{m}{2\pi kT}\right)^{\frac{3}{2}}\mathrm{e}^{-\frac{mv^2}{2kT}}v^2\Delta v=f(v)\Delta v$ 证明速率在最概然速率 v_p 到 $v_p+\Delta v$ 之间的分子数与 $\sqrt{T}$ 成反比。

7. 设由 N 个气体分子组成的热力学系统，其速率分布函数为

$$f(v)=\begin{cases}kv & (0\leqslant v\leqslant v_0)\\ 0 & (v>v_0)\end{cases}$$

试求：

（1）分布函数中的常数 k；

（2）平均速率。

第5章　气体内的输运过程

（一）单元教学内容解读

前面章节主要研究的是处于平衡态的气体系统。这一章介绍的是一个气体系统如何由非平衡状态到达平衡状态。

气体系统由非平衡状态到达平衡状态主要是通过分子间频繁的碰撞。这一章在研究分子间碰撞的问题中引入了无引力弹性刚球模型。在该模型的基础上为了描述分子间碰撞的频繁程度，定义了平均碰撞次数和平均自由程。

随后，介绍了三种常见的有非平衡状态到达平衡状态的过程，内摩擦现象、热传导现象和扩散现象。分别介绍了三种输运过程的宏观现象和微观机制。

（二）需要思考的基本问题

引领性问题：气体系统是如何由非平衡状态到达平衡状态的？
问题一：平均自由程和平均碰撞次数是如何描述分子碰撞的频繁程度的？
问题二：内摩擦现象的产生原因和微观机制是什么？
问题三：热传导现象的产生原因和微观机制是什么？
问题四：扩散现象的产生原因和微观机制是什么？

前面章节从宏观角度和微观角度分别讨论了理想气体的平衡态和平衡过程。本章研究系统是如何借助分子间的碰撞由非平衡态到达平衡态的。分子间碰撞的基本特征是频繁的碰撞，所以研究碰撞，首先要解决如何表征碰撞的频繁程度。

5.1　分子碰撞和平均自由程

在常温下，三种速率一般为每秒几百米，这样来看，气体中一切过程好像在一瞬间就会完成，然而，实际情况并非如此。比如说打开一瓶香水，香水的气味要经过几秒甚至更长的时间才能传到几米远的地方。那么这个现象是否与分子速率有矛盾呢？这个问题最先由克劳修斯解答的。他认为分子的速率虽然很大，但单位体积中的分子数目非常大，分子运动过程中，要和许多分子发生碰撞，所走的路程是曲曲折折的折线。因此，分子从一个地方移动到另一个地方就需要较长的时间。

分子碰撞问题是分子动理论的重要问题之一。分子通过碰撞来实现动量和能量的交换。气体由非平衡态达到平衡态的过程，就是通过分子间的碰撞来实现的。为了描述分子间碰撞的频繁程度，引入无引力弹性刚球模型。无引力弹性刚球模型有三条假设。

1. 把分子看做是直径为有效直径 d 的刚性球体。

2. 除碰撞外，不计分子间的引力作用。由于有效直径是分子间斥力作用的直接结果，所以分子间斥力已经以分子大小的形式考虑进去了。

3. 分子之间及分子与容器壁之间的碰撞都是完全弹性碰撞，因而气体分子的动能不因碰撞有所损失；器壁光滑，入射角等于反射角。

在无引力弹性刚球的基本上讨论描述分子间碰撞频繁程度的两个统计概念——平均自由程和平均碰撞频率。平均自由程定义为分子在连续两次碰撞之间所经过的自由路程的平均值，用 $\bar{\lambda}$ 来表示。而一个分子在单位时间内与其他分子碰撞的平均次数称为分子平均碰撞次数或频率，用 $\bar{Z}$ 表示。

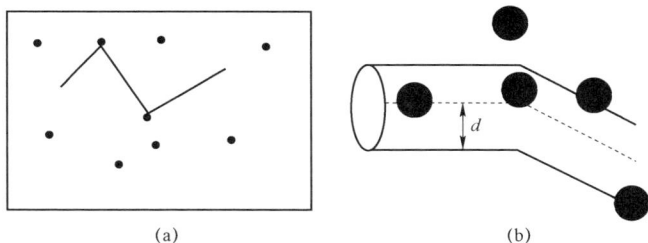

图 5.1　分子运动径迹和平均自由程示意图

假定每个分子都是直径为 d 的刚球，并且假定只有某一分子以平均速率 $\bar{v}$ 运动，而其他分子都是静止不动的。这一分子与其他分子每碰撞一次，它的速度方向就改变一次，所以该分子球心轨道是一条折线，如图 5.1（b）所示。一秒钟内这个分子所走折线的总长度应为平均速率 $\bar{v}$。因为其余分子是静止的，所以凡是分子球心离开折线距离小于 d 的分子都与这一运动分子相撞；凡是分子球心离开折线距离大于 d 的分子都与这一运动分子碰撞不上。那么，以运动分子的径迹为轴，以有效直径 d 为底面积半径建立一个曲折的圆柱体，则凡是分子球心位于圆柱体内的分子都与该运动分子相撞，而球心不在圆柱体内的分子都与该运动分子碰撞不上。那么，求单位时间内的碰撞次数就转化为求这个圆柱体内的分子数目了。若已知气体的分子数密度为 n，以分子的有效直径 d 为半径、平均速率 $\bar{v}$ 为长度的圆柱体的体积为 $\pi d^2 \bar{v}$。则该圆柱体内分子数目为 $\pi d^2 \bar{v} n$，这也是运动分子在一秒钟内和其他分子相撞的平均次数 $\bar{Z}$，即 $\bar{Z} = \pi d^2 \bar{v} n$。

上面推导的分子平均碰撞次数有一个假设，除了一个分子运动外，其余分子都是静止的。这一假设显而易见与气体内分子真实情况有差异，气体内一切分子都是运动的。所以，要得到平均碰撞次数的记过，必须对上式加以必要的修正。考虑到平衡态气体分子都按麦克斯韦分布律分布，就可从理论上求出气体分子的平均碰撞次数为

$$\bar{Z} = \sqrt{2}\pi d^2 \bar{v} n \tag{5-1}$$

由式（5-1）可知，分子平均碰撞次数与分子数密度 n、分子平均速率 $\bar{v}$ 成正比，也与 d^2 成正比。

由于一秒钟每个分子平均走过的路程为平均速率 $\bar{v}$，而一秒钟相撞次数为平均碰撞次数 $\bar{Z}$，所以课求出平均自由程

$$\bar{\lambda} = \frac{\bar{v}}{\bar{Z}} = \frac{1}{\sqrt{2}\pi d^2 n} \tag{5-2}$$

由式（5-2）可知，分子平均自由程与分子数密度 n 成反比，也与 d^2 成反比，而与分子热运动平均速率 $\bar{v}$ 无关。

将 $p = nkT$ 代入式 5-2，可得

$$\bar{\lambda} = \frac{kT}{\sqrt{2}\pi d^2 p} \tag{5-3}$$

由式（5-3）可知，气体分子一定时，当 T 一定时，平均自由程 $\bar{\lambda}$ 与压强 p 成反比，压强 p 越低，$\bar{\lambda}$ 越大；当压强 p 一定时，平均自由程 $\bar{\lambda}$ 与温度 T 成正比，说明温度 T 越高，平均自由程 $\bar{\lambda}$ 越大。

5.2　气体内的输运过程及其基本定律

前面主要讨论了气体在平衡状态下的性质，但是许多问题都牵涉到气体

在非平衡状态下的变化过程。如果气体内各部分的物理性质原来是不均匀的，由于气体分子不断的相互碰撞和相互搀和，分子之间将经常交换动量和能量，分子速度的大小和方向也不断地改变，最后气体内各部分的物理性质将趋向均匀一致，气体状态将趋向平衡，这种现象称为气体内的输运过程。

常见的气体内输运过程包括下述三种。

1. 内摩擦现象或黏滞现象：当气体内各气层之间有相对的定向运动时，即各气层的流速不同时，由于分子之间的相互搀和及相互碰撞，各气层的流速将趋向均匀一致，因此引起宏观的内摩擦现象。

2. 热传导现象：当气体内各部分温度不同时，或者说各部分气体分子的热运动动能不同时，由于分子之间相互搀和与相互碰撞，各部分温度也将趋向均匀一致，因而引起宏观的热传导现象。

3. 扩散现象：当容器中各部分气体的种类不同时，或同一种气体内各部分的密度不同时，由于分子之间相互搀和与相互碰撞，各部分气体的成分和密度将趋向均匀一致，因而引起宏观上的扩散现象。

一、内摩擦现象

流动中的气体或液体作层流时，如果各层流体的流速不相等，那么相临的两层流体之间的接触面上，会形成一对阻碍两层流体相对运动的等值而反向的作用力和反作用力，使流速快的一层流体减速，流速慢的那一层流体加速，称这一对作用力反作用力叫内摩擦力。气体的这种性质，叫黏滞性。

内摩擦力所遵从的实验定律，可用图 5.2 说明。设有一流体，被限制在两个无限大的平行平板 A、B 之间。设平板 A 以速度 v_0 沿 x 轴方向运动，平板 B 是静止的。由于流体流速不大，想象这一流体分为许多平行于平板的薄层，其中顶层附着在运动平板 A 上，底层附着在静止平板 B 上。由于相临薄层之间的内摩擦力，在平板 A 的带动，与平板 A 紧邻的顶层流体产生流动。当顶层流体流动时，顶层下的一层受到一向右的内摩擦力，并依次对下一层作用一向右内摩擦力。这样顶层以下各层将被逐层带动，都沿 x 轴方向运动。但各层的流速并不相等，而是逐层递减的，以至最底层流体的流速减小为零。这样，在流体中，沿 y 轴方向出现了流速空间变化率 $\dfrac{\mathrm{d}v}{\mathrm{d}y}$，称为速度梯度，即流速在各薄层单位间距上的增量。流速在 x 轴方向，而速度梯度却在 y 轴方向。

在相临的两层流体的接触面上，作用着一对与接触面平行而大小相等、方向相反的内摩擦力 f 和 $-f$。为了说明内摩擦现象的规律，在气体内，沿流速方向任选一平面 EF 与平板 A（或平板 B）平行。实验证明，作用在平面 EF 上的内摩擦力 f 的大小与该处的速度梯度 $\dfrac{\mathrm{d}v}{\mathrm{d}y}$ 成正比，同时也与 EF 的面积 Δs 成正比，即

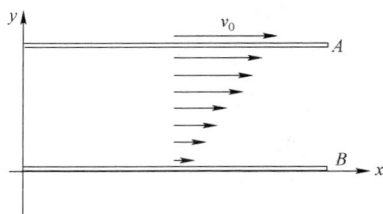

图 5.2　内摩擦现象

$$f = \pm\eta\frac{\mathrm{d}v}{\mathrm{d}y}\Delta s \qquad (5\text{-}4)$$

式（5-4）称为牛顿黏滞定律。若式（5-4）取正号，说明内摩擦力 f 与流速 v 同方向，作用在流速较慢的流体层上，使该层加速；如果取负号，说明内摩擦力 f 与流速 v 反方向，作用于流速较快的流体层上，使该层减速。式中比例系数 η 称为内摩擦系数或黏滞系数，与流体的性质有关，流动性好的流体黏滞系数小一些。气体相比于液体更易流动，因为气体的黏滞系数比液体要小。黏滞系数还和温度有关。气体的黏滞系数随温度升高而增加。液体的黏滞系数随温度升高而减小。几种常见流体的黏滞系数见表 5-1 所示。

表 5-1　几种常见流体的黏滞系数

流体	温度 $t/℃$	黏滞系数 $\eta/(\mathrm{mPa\cdot s})$
水	0	1.7
	20	1.0
	40	0.51
血液	37	4.0
空气	0	0.017
	20	0.018
	40	0.019
二氧化碳	20	0.012
氢气	20	0.008
氧气	0	0.019

　　从分子运动论的观点来看，对内摩擦现象可作如下解释，在流体内部的平面 EF 上下两侧，将有大量分子穿过这一平面。设气体的密度是均匀的，所以在同一时间内自上而下和自下而上穿过平面 EF 的分子数是相等的。这些分子除了带着它们热运动的动量和能量之外，同时还带着系统定向运动的动量。由于上侧的流速大于下侧的流速，所以上下两侧这样交换分子的结果，造成的是每秒内都有定向运动的动量从上一流体层向下一流体层的迁移。上面流体层的定向动量减少，下面气层的定向动量有等量的增加。在宏观上来说，这一效应正与上层对下层作用一个沿 x 轴方向的摩擦拉力而同时下层对上层也作用一个沿 x 轴负向的摩擦阻力的情况相似。所以气体的内摩擦现象的微观机制是由于气体内大量分子无规则运动输运定向动量的结果。

二、热传导现象

　　如果流体内各部分的温度不同，从温度较高处向温度较低处将有热量的传递，这一现象称为热传导现象。

　　设流体的温度沿 x 轴变化，$\dfrac{\mathrm{d}T}{\mathrm{d}x}$ 表示流体中温度沿 x 轴方向的空间变化率，称为温度梯度。设 Δs 是垂直于 x 轴的某指定平面的面积，实验证明，在单位时间内，从温度较高的一侧，通过这一平面，向温度较低的一侧所传递的热量，与这一平面所在处的温度梯度 $\dfrac{\mathrm{d}T}{\mathrm{d}x}$ 成正比，同时也与面积 Δs 成正比，即

$$\frac{\Delta Q}{\Delta t} = -K\frac{\mathrm{d}T}{\mathrm{d}x}\Delta s \tag{5-5}$$

比例系数 K 称为热传导系数或传热系数，式 5-5 称为傅里叶定律。式 5-5 中的负号代表热量传递的方向从温度较高处传至温度较低处，与温度梯度的方向正好相反。热传导微观机制是大量分子无规则运动输运能量的结果。气体的热传导系数很小，所以当对流不存在时，气体可用作很好的绝热材料。

三、扩散现象

　　如果容器中的各部分气体的种类不同，或同一种气体在容器中各部分的密度不同，由于分子的热运动，经过一段时间后，容器中各部分气体的

成分及气体的密度都将趋向均匀一致，这种现象称为扩散现象。为了使问题简化，只考虑容器中有两种气体的情况。在总密度均匀和没有宏观气流的条件下，如果相互扩散的两种气体，分子质量和大小均极为相近，称之为自扩散。

设气体的密度 ρ 沿 x 轴方向改变，$\dfrac{\mathrm{d}\rho}{\mathrm{d}x}$ 是这气体的密度沿 x 轴方向的空间变化率，称为密度梯度。设 Δs 为垂直于 x 轴的某指定平面的面积，实验证明，在单位时间内，从密度较大的一侧，通过该指定的平面，向密度较小的一侧扩散的质量和这一平面所在处的密度梯度 $\dfrac{\mathrm{d}\rho}{\mathrm{d}x}$ 成正比，同时也与面积 Δs 成正比，即

$$\frac{\Delta M}{\Delta t} = -D\frac{\mathrm{d}\rho}{\mathrm{d}x}\Delta s \tag{5-6}$$

式中比例系数 D 称为扩散系数，式 5-6 称为斐克定律。负号表示气体的扩散从密度较大处向密度较小处进行，与密度梯度方向相反。扩散现象微观机制是由于分子无规则运动输运分子数的结果。

选读——斯托克斯定律

一、斯托克斯定律

当物体在黏性流体中运动时，物体表面将附着一层流体。这一流体与其相邻的流体层之间有内摩擦力，因此物体在移动过程中必须克服这一内摩擦力。如果物体是球形的，而且流体相对于物体作层流运动。若设 R 是球体的半径，v 是它是相对于流体的速度，η 是液体的黏滞系数，则球体所受阻力为 $F=6\pi\eta v R$。该式称为斯托克斯定律。根据斯托克斯定律可知，球体所受的阻力和球体速率成正比。

二、云雾的形成

云雾是由微小的水滴组成的，为什么雨滴和云雾同时水滴，雨滴会从天空落下来，而云雾却可以悬浮在空中呢？根本原因是云雾和雨滴的大小不同。

云雾的水滴半径的数量级大约是 10^{-6} m，那么当云雾小水滴在重力作用下往下落时，随着速度的增加所受的黏滞阻力也会增加。当小水滴受到的重力和黏滞阻力二力平衡时，此时小水滴的速度称为终极速度。以 20℃ 为例，此速度数量级大约为 10^{-4} m/s。终极速度很小。所以云雾小水滴可以漂浮在空中。当小水滴半径增大时，用同样的方法可以计算出终极速度，发现终极速度急速增大，将是的半径较大的水滴落下来，形成雨滴。

三、雾霾

雾霾顾名思义是雾和霾的合称。雾是指大气中因悬浮的水汽凝结、能见度低于 1 公里时的天气现象。雾本身不是污染，但产生雾的大气通常处于比较稳定的状态，使得空气中的污染物不容易向外扩散开来，造成集聚效应，会使污染加重。霾一般指空气中的灰尘、有机碳氢化合物等粒子使大气产生浑浊的现象。霾的核心物质是悬浮在空中的灰尘等物质，当这些物质进入并黏附在人体呼吸道和肺叶中时，对人体健康十分有害。

思考题

1. 什么叫平均自由程和平均碰撞次数，两者之间什么关系？当分子大小一定时，平均自由程与分子数密度的关系是怎样的？

2. 气体内的输运过程有哪几种？

3. 一定量的理想气体，在温度不变，而容积增大时，分子的平均碰撞次数 $\overline{Z}$ 和平均自由程 $\overline{\lambda}$ 如何变化？

4. 在研究分子与分子碰撞的过程中，引入的分子模型是哪一种模型？

5. 一定量的理想气体，在温度不变的条件下，当压强降低时，分子的平均碰撞频率 $\overline{Z}$ 和平均自由程 $\overline{\lambda}$ 如何变化？

6. 内摩擦现象是因为哪一个宏观量的不均匀才产生的？内摩擦现象的微观解释是什么？

7. 热传导现象是因为哪一个宏观量的不均匀才产生的？热传导现象的微观解释是什么？

8. 扩散现象是因为哪一个宏观量的不均匀才产生的？扩散现象的微观解释是什么？

计算题

1. 在一个体积不变的容器中, 贮有一定量的某种理想气体, 温度为 T_0 时, 气体分子的平均速率为 $\overline{v_0}$, 平均碰撞次数为 $\overline{Z_0}$, 平均自由程为 $\overline{\lambda_0}$, 当气体温度升高为 $4T_0$ 时, 气体分子的平均速率 $\overline{v}$, 平均碰撞次数 $\overline{Z}$ 和平均自由程 $\overline{\lambda}$ 分别为多少?

2. 氢分子有效直径为 $d = 3.3 \times 10^{-9}\ \text{m}$, 计算标准状态下氢气瓶中氢气的平均自由程和平均碰撞次数。

第6章 范德瓦尔斯气体
固体 液体

理想气体是一种理想模型，实际气体只有当压强不太大的情况下，从能近似看作是理想气体。1873 年荷兰物理学家范德瓦尔斯在克劳修斯的启发下，对理想气体的两条基本假设——把分子看作质点及忽略分子间的相互作用力，基于真实气体做了修正，得到了描述真实气体行为的范德瓦尔斯方程。

6.1 范德瓦尔斯方程

在前面章节，已经学习过了道尔顿的分子原子模型框架内的两种模型，包括理想气体分子模型和无引力弹性刚球模型。现在，在分析理想气体模型缺陷的基础上建立更接近于实际气体的范德瓦尔斯气体模型。

一、理想气体模型的缺陷及范德瓦尔斯气体模型

1. 理想气体模型的缺陷

首先分析分子大小的问题。分子有效直径 d 的数量级是 $10^{-10}\,\text{m}$。那么，1 mol 气体内分子固有体积的和为 $V_{固} = N_0 \cdot \frac{4}{3}\pi \cdot \left(\frac{d}{2}\right)^3 \approx 2.5\times10^{-6}\,\text{m}^3$；把这 1 mol 气体分子紧密排列，则紧密排列后 1 mol 分子占据体积空间的体积为 $V_{密} = 4V_{固} \approx 10^{-5}\,\text{m}^3$，令该数值 $V_{密} = b$。在标准状况下，1 mol 气体体积为 $V_0 = 22.4\times10^{-3}\,\text{m}^3/\text{mol}$。可见，在压强较小的情况下，$V_0$ 和 b 的数量级相差较大，b 值可以忽略；但在压强较大的情况下，V_0 和 b 的数量级相差不大，b 不能忽略。

接下来分析分子之间的作用力。因为分子之间的斥力已经以分子大小的形式考虑进去了，所以只讨论分子间的引力作用。根据前面的学习知道，当

压强增大时，分子间距 r 变小。当分子间距 $r < 10^{-9}$ m 时，分子之间相互作用的引力就不能忽略不计。

2. 对缺陷进行分析

基于对理想气体模型缺陷的分析，可知在标准状况下，压强不大，忽略分子大小和分子之间相互作用力是可行的，所以压强不大时，理想气体模型成立；但是，当压强较大时，分子间距 r 变小，就需要考虑分子大小和分子之间相互作用的引力，此时理想气体模型就不再成立，需要建立新的分子模型。

3. 范德瓦尔斯气体模型（弱引力的弹性刚球模型）

范德瓦尔斯气体模型也是三条假设，包括

（1）把分子看做是直径为 d 的刚球；

（2）分子之间存在相互作用的引力，引力势能如下式所示

$$\begin{cases} E_p = 0, r \geqslant 10^{-9} \text{ m} \\ E_p = -\dfrac{C'}{r^{t-1}}, d < r < 10^{-9} \text{ m} \\ E_p = \infty, r \geqslant d \end{cases} \qquad （6\text{-}1）$$

（3）分子与分子之间及分子与器壁之间的碰撞为完全弹性碰撞，不因碰撞损失动能。

把满足上述三条假设的气体叫做范德瓦尔斯气体。

二、范德瓦尔斯方程

要推导范德瓦尔斯气体的状态方程，第一种方法就是对压强较大的气体系统做实验，通过实验收集大量的气体状态参量包括压强 p、体积 V 和温度 T 变化的数据，通过分析大量的实验数据，得到表征范德瓦尔斯气体系统状态的状态参量压强 p、体积 V 和温度 T 之间的关系；第二种方法就是在理想气体状态方程的基础上，寻找理想气体和范德瓦尔斯气体之间的差异，通过修正理想气体状态方程的方法，得到范德瓦尔斯方程。在这个地方，使用第二种方法推导范德瓦尔斯方程，针对理想气体模型的两个缺陷对理想气体状态方程做修正。

1. 分子体积引起的修正

先讨论 1 mol 气体系统。1 mol 理想气体状态方程的形式为 $p v_m = RT$。式

中 v_m 为 1 mol 理想气体的体积，对气体而言也是容器体积。因为理想气体忽略分子体积，所以容器体积也是气体分子可以自由活动的空间体积。对真实气体而言，气体分子有大小，在空间要占据体积。前面的分析可知，1 mol 分子占据空间的体积为 b。所以，气体分子可以自由活动的空间体积等于 $v_m - b$，其中 v_m 依然为容器体积。

所以考虑分子体积后，把理想气体状态方程 $pv_m = RT$ 中把气体分子可以自由活动的空间体积 v_m 变为 $v_m - b$，得到修正后的结果为

$$p' = \frac{RT}{v_m - b} \tag{6-2}$$

由式（6-2）可知，在考虑分子的体积后，气体压强变大了。下面，从分子运动论的角度去解释这一现象。由前面结论可知，决定气体压强的因素有两个，一个是单位时间单位面积与器壁碰撞的气体分子数，另一个是分子与器壁碰撞一次作用在器壁上的冲量。根据平均碰撞次数的公式（5-1），当分子有体积后，分子与器壁碰撞会更频繁，从而使压强增大。

2. 分子引力引起的修正

不考虑引力时，一个气体分子与器壁碰撞一次作用在器壁上的冲量即分子的动量增量的负值为 $2mv_{ix}$。考虑引力后，一个分子与器壁碰撞一次作用在器壁上的冲量变化为 $2mv_{ix} - \Delta k$。负号说明引力的作用使分子与器壁碰撞一次作用在器壁的冲量减小了。因而造成压强降低，若令压强减小量为 Δp，则考虑分子间作用的引力后，气体压强为

$$p = \frac{RT}{v_m - b} - \Delta p \tag{6-3}$$

因为气体压强与单位时间单位面积与器壁碰撞的气体分子数和碰撞一次作用在器壁上的冲量成正比。所以 $\Delta p \propto \Delta k \cdot N$，式中 Δk 是因分子受到内向拉力作用使得在垂直于器壁方向上的作用在器壁上的冲量减少量，N 表示单位时间单位面积与器壁碰撞的气体分子数。显而易见，内向拉力越大，Δk 就越大；而分子数密度 n 越大，对分子施加内向拉力的其他气体分子的数目就越多，那么内向拉力就会越大，所以 $\Delta k \propto n$。分子数密度 n 越大，单位时间单位面积与器壁碰撞的气体分子数 N 就越大，所以 $N \propto n$。可得到 $\Delta p \propto n^2$，由分子数密度 n 定义可知，对 1 mol 气体而言，容器体积越大，则分子数密度 n

就越小，可知 $\Delta p \propto n^2 \propto \dfrac{1}{v_m^2}$ 。令比例系数为 a，可得考虑分子间引力后的压强修正值

$$\Delta p = \frac{a}{v_m^2} \qquad\qquad (6\text{-}4)$$

3. 范德瓦尔斯方程

将式（6-4）带入式（6-3），得

$$p = \frac{RT}{v_m - b} - \frac{a}{v_m^2} \qquad\qquad (6\text{-}5)$$

即

$$\left(p + \frac{a}{v_m^2}\right)(v_m - b) = RT \qquad\qquad (6\text{-}6)$$

式（6-5）和式（6-6）为 1 mol 气体的范德瓦尔斯方程，满足此方程的气体称为范德瓦尔斯气体，简称范氏气体。

对于质量为 M，摩尔质量为 M_{mol} 的范氏气体，将 $V = \dfrac{M}{M_{mol}} v_m$ 代入式（6-6），可得质量为 M 的范氏气体的范式方程为

$$\left(p + \frac{M^2}{M_{mol}^2} \frac{a}{V^2}\right)\left(V - \frac{M}{M_{mol}} b\right) = \frac{M}{M_{mol}} RT \qquad\qquad (6\text{-}7)$$

三、关于范德瓦尔斯方程的讨论

1. 范氏方程仍需模型假设，所以仍是近似的气体状态方程，只是比理想气体更接近于真实气体。范氏方程是许多近似方程中最简单、使用最方便的一个，经推广后可近似用于液体。而且范氏方程的物理图像十分清晰，能同时描述气体、液体及气液转变的性质，也能说明临界点的性质，揭示相变与临界现象的特点。在低压条件下，$a \to 0$，$b \to 0$，则范氏方程变为理想气体状态方程。

2. 为了讨论范氏方程的物理意义，将式（6-5）作数学变形

$$p = \frac{RT}{v_m - b} - \frac{a}{v_m^2} = \frac{RT}{v_m}\left(1 - \frac{b}{v_m}\right)^{-1} - \frac{a}{v_m^2} = \frac{RT}{v_m}\left(1 + \frac{b}{v_m} + \frac{b^2}{v_m^2} + K\right) - \frac{a}{v_m^2} \quad (6\text{-}8)$$

式（6-8）中忽略高阶项，可得

$$p = \frac{RT}{v_m}\left(1 + \frac{b}{v_m}\right) - \frac{a}{v_m^2} = \frac{RT}{v_m} + \frac{bRT}{v_m^2} - \frac{a}{v_m^2} \qquad （6\text{-}9）$$

式（6-9）中方程右侧的三项，第一项来源于理想气体的压强，代表了输运分子无规则热运动动量产生的压强；第二项和常数 b 有关，代表考虑分子大小后产生的压强，而分子大小即分子有效直径产生的直径原因是分子间的斥力，所以第二项就是压强的斥力项；第三项和常数 a 有关，所以第三项就是压强的引力项。斥力项带正号，引力项带符号，说明斥力作用令压强增大，引力作用使压强减小。

6.2　非理想气体内能，焦耳—汤姆逊实验

一、非理想气体内能

1 mol 理想气体的内能是 $C_{V,m}T + C$，对于非理想气体，必须考虑气体分子间的相互作用，则 1 mol 非理想气体内能为

$$u = C_{V,m}T + E_p + C = u(T,V) \qquad （6\text{-}10）$$

二、范德瓦尔斯气体的内能

对范氏气体而言，考虑了分子间相互作用的引力，所以分子势能就是引力势能。对 1 mol 的范氏气体，分子引力所做的元功为 $\mathrm{d}A = \int p\mathrm{d}V = -\frac{a}{v_m^2}\mathrm{d}v_m$，

式中压强应为压强的引力项。由保守力做功和势能增量的关系 $\mathrm{d}A = -\mathrm{d}E_p$ 可得

$\mathrm{d}E_p = \frac{a}{v_m^2}\mathrm{d}v_m$，取 $v \to \infty$ 为零势能点，则 $E_p = E_p - E_\infty = \int_\infty^{v_m} \frac{a}{v_m^2}\mathrm{d}v_m = -\frac{a}{v_m}$。

因此，对 1 mol 的范氏气体而言，内能为

$$u = C_{V,m}T - \frac{a}{v_m} + C \qquad （6\text{-}11）$$

三、焦耳—汤姆逊实验

1852 年，焦耳和汤姆逊为了研究实际气体的内能性质，设计了焦耳—汤姆逊实验，发现了焦耳—汤姆逊效应（节流效应）。其实验过程示意图如图 6.1 所示。

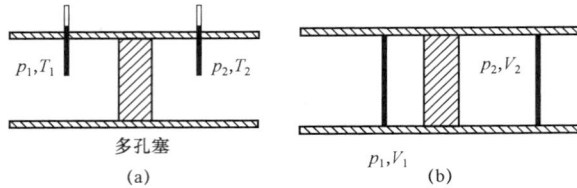

图 6.1　节流效应示意图

焦耳—汤姆逊实验中有一个对气流有较大阻滞作用的多空物质制成的多孔塞，实验中气体持续不断地从多孔塞的左边向右边流动，达到稳定流动状态时，多孔塞两边将保持一定的压强差，多孔塞左边压强较高为 p_1，气体经过多孔塞后压强降为 p_2。通过多孔塞前的气体的温度为 T_1，体积为 V_1，通过多孔塞后气体的温度为 T_2，体积为 V_2。所谓稳定流动是指气体在流动的空间中任何地方的状态都不随时间变化。把在绝热条件下，气体经多孔塞由高压流向低压的过程叫绝热节流过程。而气体在一定压强下经过绝热节流膨胀温度发生变化的现象叫焦耳—汤姆逊效应。

把节流过程后温度降低的现象叫做正节流效应或节流制冷效应，温度升高的叫做负节流效应，温度不变叫零节流效应。在室温附近，大多数实际气体，如空气、氧气、氮气、二氧化碳等都发生正效应（制冷效应）；而氢气、氦气等发生负效应；在特定温度（转换温度）和压强下，发生零效应。三种效应的发生决定于气体膨胀前的温度和压强。

四、对焦耳—汤姆逊效应的初步解释

以 1 mol 气体为研究对象，对绝热过程有 $Q=0$，所以热力学第一定律对绝热过程形式为 $\Delta u=-A$。绝热节流膨胀过程中，左边活塞上外力为 F_1，当在外力作用下活塞移动的距离为 X_1 时，外力 F_1 对气体做的功为 $A_1=F_1X_1$，利用体积功的公式，且根据外力对系统的功等于系统对外力功的相反数，系统的体积由过程前的体积 V_1 变成体积为 0，左侧所有气体全部流动到右侧，所以

$A_1 = -\int_{V_1}^{0} p_1 \mathrm{d}V = p_1 V_1$。绝热节流膨胀过程中，右边活塞上外力为 F_2，当在外力

作用下活塞移动的距离为 X_2，这里要注意到外力 F_2 与右边活塞移动方向是相

反的，所以外力 F_2 对气体做的功为 $A_2 = -F_2 X_2$，右边气体系统的体积由过程

前的体积 0 变成过程完成时的 V_2，所以 $A_2 = -\int_{0}^{V_2} p_2 \mathrm{d}V = -p_2 V_2$。当绝热节流膨

胀过程中，外界对系统做的总功为 $A' = F_1 X_1 - F_2 X_2 = p_1 V_1 - p_2 V_2$，所以系统对

外界的总功 $A = -A' = F_2 X_2 - F_1 X_1 = p_2 V_2 - p_1 V_1$。因此 $\Delta u = p_1 V_1 - p_2 V_2$。

根据式（6-10）得，绝热节流过程前后物理量的关系有

$$p_1 V_1 - p_2 V_2 = C_{V,\mathrm{m}}(T_2 - T_1) + (E_{p2} - E_{p1}) \tag{6-12}$$

下面分别讨论理想气体和范氏气体的绝热节流过程。

1. 应用于理想气体

对理想气体而言，状态参量满足理想气体状态方程，且不考虑分子势

能，所以对 1 mol 理想气体有 $p_1 V_1 = RT_1, p_2 V_2 = RT_2$，且 $E_p = 0$。因此式（6-12）

变为

$$(C_{V,\mathrm{m}} + R)(T_2 - T_1) = 0 \tag{6-13}$$

即对理想气体而言，有 $T_1 = T_2$，即理想气体的焦耳—汤姆逊效应为恒定的零效

应，绝热节流膨胀过程前后系统的温度不变。

2. 应用于范氏气体

对范氏气体而言，状态参量满足范氏方程 $p v_m = RT + \dfrac{bRT}{v_m} - \dfrac{a}{v_m}$，内能

$E_p = -\dfrac{a}{v_m}$。将这两式代入式（6-12）之中得

$$\Delta T = \frac{(RbT_1 - 2a)(V_2 - V_1)}{\left(C_{V,\mathrm{m}} + R + \dfrac{Rb}{V_2}\right)V_1 V_2} \tag{6-14}$$

式（6-14）中的因子 $V_2 - V_1 > 0$，因此 ΔT 的正负取决于 $RbT_1 - 2a$。

（1）$RbT_1 - 2a > 0, \Delta T > 0$，说明斥力起主要作用，产生负节流效应。

（2）$RbT_1 - 2a < 0, \Delta T < 0$，说明引力起主要作用，产生正节流效应。

（3）$RbT_1 - 2a = 0, \Delta T = 0$，说明斥力和引力相互抵消，产生节流零效应。

（4）零效应时，$\Delta T = 0$，解得转换温度 $T_i = \dfrac{2a}{bR}$。

三种效应的发生取决于气体膨胀前的温度 T_1 和压强 p_1。讨论焦耳—汤姆逊效应的重要原因在于节流膨胀是获得低温的基本方法，已被广泛应用于工业领域。

例题 6-1 1 mol 氧气做等温膨胀，体积从 v_1 增加到 v_2，设氧气遵从范氏方程，试计算此过程中系统对外界的功，系统内能的改变量和吸收的热量，其中范德瓦尔斯改正量 a 和 b 是已知的。

解：将 1 mol 气体的范氏方程 $p = \dfrac{RT}{v_m - b} - \dfrac{a}{v_m^2}$ 带入体积功表达式得系统对外界所做的功为

$$A = \int p \mathrm{d}V = \int_{v_1}^{v_2} \left(\frac{RT}{v - b} - \frac{a}{v^2} \right) \mathrm{d}v = RT \ln \frac{v_2 - b}{v_1 - b} + \left(\frac{a}{v_2} - \frac{a}{v_1} \right)$$

由 1 mol 范氏气体的内能公式 $u = C_{V,\mathrm{m}} T - \dfrac{a}{v_m} + C$ 得 $\Delta u = C_{V,\mathrm{m}} \Delta T - \left(\dfrac{a}{v_2} - \dfrac{a}{v_1} \right)$

对氧气而言 $C_{V,\mathrm{m}} = \dfrac{5}{2} R$，而等温过程 $\Delta T = 0$，所以 $\Delta u = -\left(\dfrac{a}{v_2} - \dfrac{a}{v_1} \right)$

由热力学第一定律可得 $Q = A + \Delta U = RT \ln \dfrac{v_2 - b}{v_1 - b}$

6.3　晶体的基本性质

固体的主要特征是具有一定的体积和形状，它是由大量的原子（或离子）组成的。固体物理学是研究固体材料的结构、粒子之间的相互作用和运动规律，并阐明固体性质的学科。

一、固体宏观特性

根据原子排列是否有规则，可将固体分为晶体和非晶体。

1. 晶体

晶体是由原子（或离子、分子等）按一定的周期排列而成的。晶体又可分为单晶体和多晶体。单晶体如石英、冰等，它们都有规则的几何形状；都是各向异性的，即各个方向上的物理性质如力学性质、热学性质、电学性质、光学性质都不相同，且都有固定熔点。多晶体如金属晶体，它们的共同宏观性质是没有固定的形状，都是各向同性的，但是和单晶体一样，都有固定熔点。

2. 非晶体（玻璃体）

非晶体如玻璃、沥青等，内部原子的排列没有明确的周期性，外形不规则，都是各向同性的。相比于晶体，非晶体没有固定熔点。非晶体只能在极小的范围内显示出规则性排列，整体结构缺乏规律性。所以非晶体是短处有序，而长程无序的。

二、晶体微观结构

由 X 射线衍射实验可以窥视出晶体粒子的排列情况，晶体中微粒的排列按照一定的方式不断的周期性重复着。晶体微粒规则排列具有两个特点，周期性和对称性。

晶体中微粒质心，做周期性排列所形成的结构，称为晶格。这是将实际晶体抽象为空间点阵的理想模型。把晶体粒子质心所在位置称为结点。整个晶体结构，可以看作是由结点向空间不同方向，按一定的距离周期性平移而形成的。沿某一方向结点的间距称为平移周期。不同方向的平移周期是不同的。这可以从微观上解释晶体的各向异性。

在晶体中，有这样的体积最小的平行六面体，结点只在平行六面体的各个顶角上，内部和面上都没有结点。把这种平行六面体不断重复地平移，就可以得到整个空间点阵，这种结构称为元胞。晶体在长程和短程上均有序。

三、晶体中的结合力

下面，介绍晶体内粒子之间的结合力或称化学键，进一步了解晶体的不同物理性质的出发点和基础。固体的结合可以分为离子性结合、共价结合、金属性结合和范德瓦尔斯结合四种基本形式。

1. 基本结合力

（1）离子键与离子晶体

离子结合力或称离子键主要来自于正、负电荷的静电力。依靠离子键形成的晶体称为离子晶体。因为电子云重叠会呈斥力作用（量子效应）从而稳定晶体平衡。离子键作用强，没有方向性和饱和性，所以离子晶体具有熔点高，挥发性低等性质，如 NaCl 晶体等。

（2）共价键与原子晶体

共价键是靠两个原子各贡献一个电子即原子共用电子对形成的。形成的晶体称为原子晶体。原子晶体硬度大，熔点高，导电性低，挥发性低，如金刚石晶体。

（3）金属键与金属晶体

金属键属于离子与电子气间的静电相互作用。在晶体中与每个原子接邻的原子数，叫配位数。金属原子失去最外层电子，脱离出去的电子为所有正离子共有，它们可以在点阵内自由的运动，形成电子气。金属晶体的物理性质有不透明，有光泽，具有良好的导电、导热性，低挥发性，高熔点和高硬度等。

（4）范德瓦尔斯键与分子晶体

分子间相互作用力为范德瓦尔斯键。分子晶体是由外层电子饱和的原子或分子组成的晶体。范德瓦尔斯键与其他结合力相比较弱，所以分子晶体硬度小，熔点低，易于挥发。

2. 结合力的普遍性质

虽然四种结合力产生的物理机制不同，但是具有一些共同的特征，比如表现为引力和斥力，都是短程力，都是保守力，都有相互作用的势能。

四、晶体粒子热运动和固体热容

1. 晶体粒子的热振动

晶体的点阵结构是一种近似处理方法，实际晶体的粒子并不是静止的，而是在各自的平衡位置附近作无规则微振动。因为温度越高，这种微振动越剧烈，所以将这种振动称为热振动。室温下热振动振幅的数量级为 0.1 Å。

2. 固体热容的经典理论

晶体粒子的热振动可以分解为三个相互垂直方向上的振动，即有三个自由度，每个自由度上的平均振动动能为 $\frac{1}{2}kT$，平均振动势能为 $\frac{1}{2}kT$，平均能量为 kT，所以每个粒子的平均振动能量为 $3kT$，式中 k 为玻尔兹曼常量。那么，1 mol 晶体的总能量为

$$u = N_0 \cdot 3kT = 3RT \tag{6-15}$$

固体体积变化较小，所以固体的热膨胀功可以忽略不计。则热力学第一定律形式为 $dQ = dU$，摩尔热容 C_m 为

$$C_m = \frac{dQ}{\nu dT} = \frac{dU}{\nu dT} = \frac{du}{dT} = 3R \ \text{J} \cdot \text{mol}^{-1} \cdot \text{K}^{-1} \tag{6-16}$$

式（6-16）称为杜隆—珀替定律。

6.4　液体的微观结构

液体与气体不同，它有一定的体积，液体也与固体不同，它没有固定的形状。下面对液体的微观结构作说明。

一、液体的微观结构

物体的热学性质决定于分子力和分子热运动，对于气体而言热学性质主要决定于热运动，而对于固体而言热学性质主要决定于分子力，这个结果和分子间距是有关的。

液体分子间距介于气体和固体之间，但是更接近于固体。液体中分子是密集的在一起的，与固体情形相似。相临分子中心的间距与分子自身的线度相近，所以每个分子与其相邻分子之间的斥力和引力相平衡，但其他分子对这个分子的作用却都表现为大小不等的引力作用。也就是说每个分子都处于周围分子所提供的引力势能谷中。在势能谷中做热振动的液体分子不会长时间地停留在一个势能谷中，在一个势能谷中一般只保持一个短暂的时间，一旦获得足够的能量它就会跃出这个势能谷而迁移到另一个势能谷中。在一个势能谷停留的时间有长有短，其平均值叫定居时间。在一定温度和压强下，每种液体的定居时间是一定的。分子的定居时间实际上是分子力和热运动共同影响的结果。分子力越强，分子就越不容易移动，定居时间就越长；而液体的温度越高，分子的热运动能量越大，跃出势能谷的机会就越多，定居时间就越短。

实验观测表明，液体分子的排列具有短程有序而长程无序的特点，即每个液体分子在与分子间距同数量级的小范围内，排列具有一定规则性，但是在大范围内排列是无序的。这是由于虽然液体的分子与固体分子一样，是一

个个紧挨在一起排列的，但是却不像固体那样具有严格周期的紧密堆积。而是一种较为疏松的长程无序而短程有序的堆积形式。液体也是按一个粒子周围均有几个近邻原子那样排列，但是离开中心分子越远的液体分组排列的也就越杂乱，分子间的距离也就越大。所以宏观上液体变现为具有一定体积，没有固定的形状，易流动，各向同性等。

二、液体宏观性质的微观解释

1. 各向同性

液体分子在很小的范围、在一个短暂时间内的排列，保持了一定的规则性，称短程有序；而液体由许多彼此之间方位完全无序的微小区域构成，所以表现为长程无序。微观上的长程无序造成了宏观上的各向同性。

2. 流动性

液体粒子在平衡位置上有一定的振动时间，称为定居时间 τ。当外力作用时间大于液体分子的定居时间时，液体表现出流动性。

3. 内部压强各向相同

前面章节可知，压强是由分子力和分子热运动产生的。对气体来说，主要由分子热运动引起；而对液体来说，主要由分子力引起的。液体分子排列的长程无序产生了各向同性，所以液体中任一截面两侧压强都相等。而且随着深度的变化，重力作用使得分子间距减小，则分子间斥力增大，所以液体压强随液体深度增大而增加。

6.5 液体的表面张力

首先来解释什么叫张力。所谓张力就是引起伸长的两个平衡力之一，即物体在外力作用下伸长，物体内部必定存在一个力与外力相平衡，这个力叫做张力。对于弹性物体而言，张力是基于弹性形变产生的，张力存在判断的依据是物体有收缩的趋势。

一种物质与另一种物质的交界处是物质结构的过渡层，它的物理性质显然不同于物质内部，具有特殊性。而液体与另一种介质接触时，也会存在过渡层，称其为液体表面层。表面层厚度与分子力有效作用半径 10^{-9} m 是同数量级的，表面层中分子受力与液体内部的分子不同，因此具有不同的特殊物理性质。

一、表面张力

液体的表面有如紧张的弹性薄膜，有收缩的趋势，说明液体表面一定有张力，称为表面张力。当然和弹性体内的张力不同，它不是由于弹性形变所引起的，而是表面层分子力作用的结果。

下面研究表面张力的方向。因为表面张力是内力，所以可以设想在表面任意位置画一条截线，若沿此线将表面层划开，和划开张紧的塑料薄膜一样，会看到在划开截线位置处，表面层两侧都向着自身的方向收缩。说明该线两侧的液体表面之间存在相互作用的拉力，拉力方向与所画的截线垂直，且与液面相切。意味着表面层内作用的表面张力的方向是与截线垂直且与液面相切。

二、表面张力系数

表面张力的大小可用表面张力系数描述，下面分别从力和能量两个角度来研究表面张力现象。

1. 力的角度描述

表面张力的大小正比于截线长度，可表示为表面张力的大小 $f = \alpha l$，l 为液面周界或截线长度。比例常数 α 为

$$\alpha = \frac{f}{l} \tag{6-17}$$

比例常数 α 称为表面张力系数。由式（6-17）可知，表面张力系数就等于作用在单位长度截线上的表面张力。实验表明，表面张力系数 α 与形成表面层的两种物质的种类及温度 T 有关。温度越高，α 越小；与液体所含杂质有关。使表面张力系数 α 减小的物质称为表面活性物质。

2. 能量的角度描述

也可以从能量角度去描述表面张力的大小。能量的变化来源于力做功。所以想象一下，把长方形的液体表面层从液体中取出来形成液膜。液膜上面和下面分别都与其他物质相接触，均形成表面层。截线 AB 将该液膜分成两部分，取一部分作为研究对象，如图 6.2 所示。

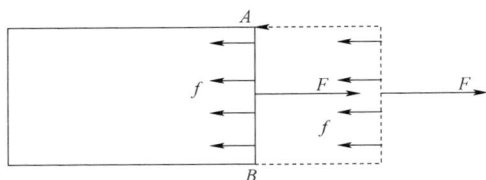

图 6.2　能量角度描述表面张力现象

外力 F 作用在表面层的截线上，方向与表面张力方向相反。外力 F 缓慢地拉动液膜，外力 F 和表面层中的表面张力是一对平衡力，所以外力 F 功就等于表面张力做的功的相反数，外力 $F_{外}$ 做功转化为内能储存到表面层中。有

$$A = F\Delta X = \left| -f\Delta X \right| = 2\alpha l\Delta X = \alpha\Delta S = \Delta U \qquad (6\text{-}18)$$

ΔX 为截线 AB 在外力 F 的作用下移动的距离。$\Delta S = 2l\Delta X$ 是在截线 AB 移动过程中表面层所增加的面积。因为上方表面层和下方表面层的面积同时在增大，所以实际增加的表面层面积须取二倍才行。在等温条件下，表面层内能中各种和温度有关的能量都不变，包括分子的平动动能、转动动能、振动动能和振动势能，所以表面层内能中只考虑分子引力势能。所以，外力 F 因克服表面张力所做的功全部转化为表面层中的分子引力势能。把这种分子引力势能称为表面自由能。显而易见，表面能是表面层内能的一部分。由式（6-18）可得，表面张力系数用能量角度去描述的结果，有

$$\alpha = \frac{\Delta U}{\Delta S} \qquad (6\text{-}19)$$

从能量角度去看表面张力系数 α，在数值上等于等温条件下液体表面层增加单位面积时所增加的表面能。

三、表面张力的微观解释

也可以从力和能量两个角度对表面张力现象进行微观解释。

1. 力的角度微观解释

液体内部的分子受到它周围四面八方的其他分子对它的引力作用，所以其他分子对它的作用力是呈球对称性，从而相互抵消。但液体表面层分子受力与液体内部分子受力是不同的。如液体与气体相接触形成的表面层，表面层分子的作用球上部分的气体密度低于液体，使表面层内分子受力不平和，其合力是垂直于液体表面并指向液体内部。在这种分子力的作用下，表面层

分子有向液体内部运动的趋势，使得表面层的分子数有减小的趋势，最终令表面层面积有减小的趋势。而表面层有收缩的趋势，即产生表面张力。

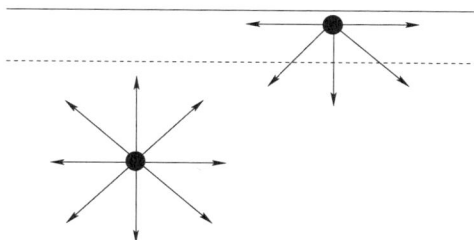

图 6.3 表面张力现象的微观解释

2. 能的角度微观解释

根据上面分析，相比于液体内部的分子，液体表面层中每一分子都缺少了吸引它的分子，因此势能要高一些。如果表面层的面积越大，表面层内的分子数越多，其分子势能就越大。而系统优先选择的是以最低能的状态存在，因此只要有可能，液体就会使表面层面积尽量减小，表现为收缩的趋势，表面层即产生表面张力。

6.6 弯曲液面下的附加压强

一、附加压强

在肥皂泡、水中气泡、液滴及固体与液体相接触的地方，液面都是弯曲的。在有些情况下如液滴，水银温度计中的水银面等，可能是凸液面；在另一种情况下如细玻璃管中的水面，则可能是凹液面。在液面弯曲的情况下，由于表面张力的存在，使得液面内的压强和液面外的压强有一压强差，把这压强差称为附加压强 $\Delta p = p - p_0$，式中 p 为液面内的压强，p_0 为液面外的压强。后面可证，在凸液面的情况下，附加压强为正；在凹液面的情况下，附加压强为负。

二、球形液面下附加压强的计算

下面先以半径为 R 的凸球形液面为例，介绍附加压强的计算。在球形液面隔离出一个球冠状小液块，球冠底面半径为 r。小液块处于平衡状态。现通

过受力平衡讨论 A 点的压强。首先，对小液块做受力分析，如图 6.4 所示。

1. 重力 G

设小液块质量为 m，则重力大小为 mg，方向竖直向下，作用在小液块的重心。

2. 大气压力 F_0

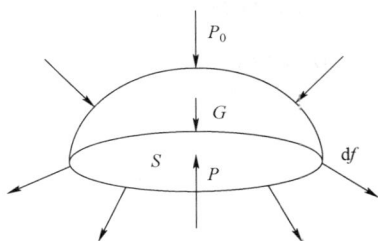

图 6.4 球形液面下的附加压强

小液块上表面与大气接触，受到大气压力的作用，大气压力处处垂直于液面，其合力方向为竖直向下，大小有 $F_0 = P_0 S$，式中 P_0 为大气压强，S 为球冠底面积。

3. 液块受到下面液体对它作用的向上的液体压力 F

若球冠底面位置处液体内部压强为 P，则小液块受到的向上的液体压力为 PS。

4. 表面张力作用 f

取球冠状小液块时，液体表面层产生了截线，就是球冠底面积的最外边的圆周。所以此处的表面张力是要求作用在这个截线上的其他部分表面层对球冠表面层的表面张力。把球冠底面圆周分割为 N 条线元，通过前面的学习，我们知道，作用在任意线元 $\mathrm{d}l$ 上的表面张力的大小 $\mathrm{d}f = \alpha \mathrm{d}l$，$\alpha$ 为表面张力系数。表面张力 $\mathrm{d}\vec{f}$ 的方向与 $\mathrm{d}l$ 垂直且与液面相切。将 $\mathrm{d}f$ 分解在垂直于球冠底面和平行了球冠底面两个方向上，可得 $\mathrm{d}f_{\text{垂直}} = \mathrm{d}f \sin\varphi$ 和 $\mathrm{d}f_{\text{平行}} = \mathrm{d}f \cos\varphi$，$\varphi$ 为表面张力 $\mathrm{d}\vec{f}$ 与水平方向的夹角。

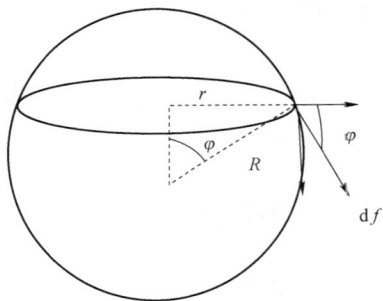

图 6.5 作用在球冠表面层上的表面张力

由表面张力的对称性可知，水平方向的表面张力分量全部抵消，所以表面张力的合力方向也是竖直向下的。合力的大小就是作用在所有线元 $\mathrm{d}l$ 上的表面张力 $\mathrm{d}\vec{f}$ 在竖直方向的分量的代数和。

所以，$f = \int \mathrm{d}f_{\text{垂直}} = \int \mathrm{d}f \sin\varphi = \int_0^{2\pi r} \alpha \sin\varphi \mathrm{d}l = 2\pi r \alpha \sin\varphi = 2\pi r \alpha \dfrac{r}{R} = 2\pi r^2 \dfrac{\alpha}{R}$。

因为球冠在重力、大气压力、液体压力和表面张力的作用下保持平衡，根据力学平衡条件有 $PS = P_0 S + mg + f$，其中重力 mg 忽略不计，且有 $S = \pi r^2$，则

$$P = P_0 + \frac{f}{S} = P_0 + \frac{2\alpha}{R} \tag{6-20}$$

于是球形凸液面的附加压强为

$$P - P_0 = \frac{2\alpha}{R} \tag{6-21}$$

对于球形凹液面而言，推导过程完全相同，区别就是表面张力方向不是竖直向下，而是竖直向上，所以球形凹液面附加压强

$$P - P_0 = -\frac{2\alpha}{R} \tag{6-22}$$

下面，利用球形液面的附加压强公式讨论半径为 r 的球形液膜内外的压强差。

对球形液膜而言，具有内外两个球形表面层，在球形液膜内外分别取三个点，球形液膜之外取 A 点，球形液膜中取 B 点，球形液膜内取 C 点。而球形液膜内外压强差指的就是 C 点与 A 点的压强差值。先来讨论 A 点和 B 点的压强差。B 点是液膜中间一点，A 点是液膜外一点，所以从 A 点和 B 点的

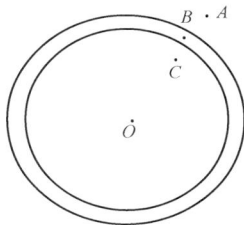

图 6.6 球形液膜内外压强差

关系来看液膜，液膜就是球形凸液面，所以由式（6-21）可知，B 点相对于 A 点的压强差为 $P_B - P_A = \frac{2\alpha}{R}$；再讨论 C 点和 B 点的压强差。B 点是液膜中间一点，C 点是液膜外一点，所以从 C 点和 B 点的关系来看液膜，液膜就是球形凹液面，所以由式（6-22）可知，B 点相对于 C 点的压强差为 $P_B - P_C = -\frac{2\alpha}{R}$。因此有 C 点与 A 点的压强差为 $P_C - P_A = \frac{4\alpha}{R}$，即 C 点压强高于 A 点 $\frac{4\alpha}{R}$。

三、任意弯曲液面内外的压强差

任意弯曲液面下的附加压强公式为拉普拉斯方程。

$$\Delta P = \alpha \left(\frac{1}{R_1} + \frac{1}{R_2} \right) \tag{6-23}$$

其中 R_1 和 R_2 是任意一对相互垂直的正截面与弯曲液面相交而截得的曲线的曲率半径。对球形液面，有 $R_1 = R_2 = R$，带入式（6-23），得 $\Delta P = \frac{2\alpha}{R}$；对

柱形液面，有 $R_1 = R, R_2 \to \infty$，带入式（6-23），得 $\Delta P = \dfrac{\alpha}{R}$。

例题 6-2 将大气压强为 P_0 的空气等温地压缩进肥皂泡内，最后形成半径为 r 的肥皂泡，设肥皂泡的胀大过程是等温的，且表面张力系数为 α，求吹成这肥皂泡所需要作的总功。

解：将空气等温地压缩进肥皂泡的过程，外力需要作的功有两份。一份功为对气体等温压缩需要外界做功 A_1，第二份是肥皂泡形成的过程中，液体表面层也在增大，外力需要克服表面张力做功，也就是使表面层面积增大外力需要作功。

所以外力做的总功为 $\qquad A = A_1 + A_2 \qquad\qquad$ （1）

外力等温压缩空气做的功 A_1，是此过程中气体对外界作的功 A_1' 的负值，所以有 $A_1 = -A_1' = PV \ln \dfrac{P}{P_0}$ （2）

半径为 r 的肥皂泡内的压强 P 是液膜内的压强，液膜外的压强为大气压强 P_0，根据液膜内外压强差公式得 $P - P_0 = \dfrac{4\alpha}{r}$ （3）

半径为 r 的肥皂泡的体积为 $V = \dfrac{4}{3}\pi r^3$ （4）

克服表面张力所需做功 $A_2 = \alpha \Delta S$ （5）

肥皂泡有内表面层和外表面层，忽略薄膜厚度，记为内、外半径都为 r，则形成肥皂泡是表面层面积增加为 $\Delta S = 2 \cdot 4\pi r^2$。 （6）

（1）～（6）式联立求解，得 $A = \left(P_0 + \dfrac{4\alpha}{r}\right)\dfrac{4}{3}\pi r^3 \ln \dfrac{P_0 r + 4\alpha}{P_0 r} + 8\pi r^2 \alpha$

6.7 毛细现象及毛细管公式

一、液面与固体接触处的表面现象

1. 润湿和不润湿

当液体和固体接触时，由于不同固体和液体和液体性质不同，所以会看到两种表面现象。当水滴落在干净的玻璃板上时，表现为水滴不收缩成球形，并且会沿着玻璃板面向四周扩展，附着在玻璃板上，形成薄层，这种现象叫做润湿现象，也叫水润湿玻璃。当水银滴在干净的玻璃板上时，可以观察到水银滴近似呈球体，在玻璃板上滚动而不附着，这种现象叫做不润湿现象，也叫水银不润湿玻璃。但是，当水银滴在干净的锌板上时，却可以观察到水银润湿锌板的现象。说明润湿和不润湿现象是液体和固体接触处的表面现象，决定于固体和液体的性质。

2. 接触角 θ

在润湿和不润湿现象中，发现形成液滴的形状不同，说明润湿和不润湿的程度是不同的。为描述润湿或不润湿的程度，引入接触角 θ。接触角 θ 为在液体、固体、空气接触处，做液体表面的切线与固体表面的切线，两切线通过液体内部的角度。

由图 6.7 可知，当 $0 \leqslant \theta < 90°$ 时，液体润湿固体；当 $90° < \theta \leqslant 180°$ 时，液体不润湿固体；当 $\theta = 0$ 时，液体完全润湿固体；$\theta = 180°$ 时，液体完全不润湿固体。并且当液体润湿固体时，固体容器内的弯曲液面呈凹液面；当液体不润湿固体时，弯曲液面呈凸液面。

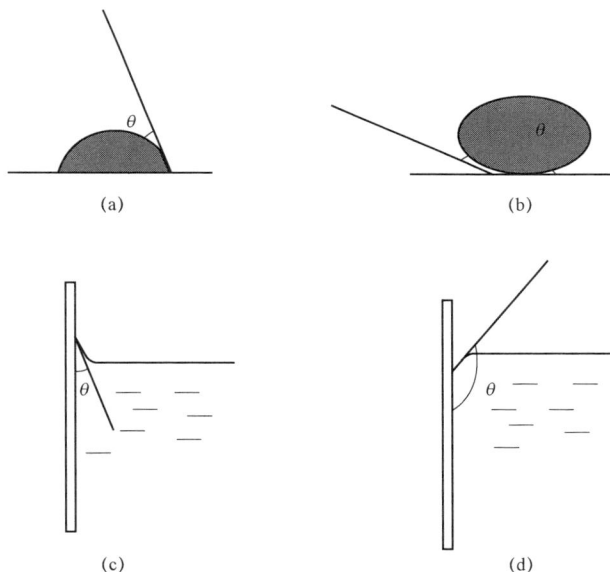

图 6.7　接触角

3. 润湿现象的微观解释

当固体和液体接触时，固体壁上形成一层液体称为附着层。附着层中的

159

液体分子受到的固体壁分子对它的引力，称为附着力。同时，附着层中的液体分子还受到液体内部分子对附着层分子指向液体内部的引力，称为内聚力。当内聚力大于附着力时，附着层有收缩的倾向，呈现不润湿现象；当附着力大于内聚力时，将有更多分子进入附着层，呈现润湿现象。

4. 表面活性物质及活性

溶质在溶剂中时，若溶剂表面张力大，溶质就对溶剂的附着性强，从而溶剂润湿溶质。能使溶剂的表面活性降低的物质叫做表面活性物质。表面活性物质可以降低表面张力，从而降低溶质对溶剂的附着性。

二、毛细现象

内径较细的管子称为毛细管，当毛细玻璃管插入水中时，可观察到管中的水面会上升；反过来，如果把毛细玻璃管插入水银中，则水银液面将降低。这类在狭窄容器中，由于液面弯曲，使得附加压强现象显著，从而完全液面升高或减低的现象称为毛细现象。下面推导一下毛细现象中球形液面液面上升或下降高度和表面张力的关系——毛细管公式。

如图 6.8 所示，大气压强为 P_0，固体和液体表面张力系数为 α，接触角为 θ，液体密度为 ρ，半径为 r 的毛细管插入液体中，毛细管内液面上升高度为 h，形成半径为 R 的球形凹液面。在球形液面外取一点 A，球形液面内取一点 B，毛细管外液面内取一点 D，毛细管内和毛细管外液面等高度位置取一点 C。

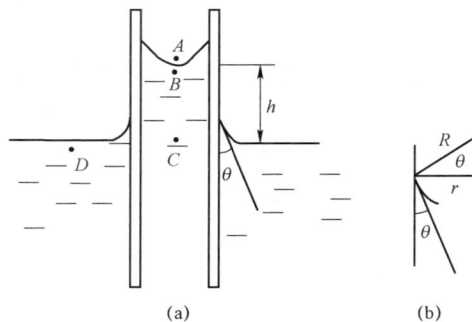

图 6.8 毛细管公式

点 D 是广阔平直液面内一点，根据附加压强公式可知 $P_D = P_0$。

点 C 和点 D 位于液面的同一深度处，则 $P_C = P_D = P_A = P_0$。

点 A 和点 B 分别是球形液面外一点和内一点，根据球形液面附加压强公式可得 $P_B - P_A = -\dfrac{2\alpha}{R}$。

而根据液体压强公式，点 B 和点 C 的压强满足 $P_B - P_C = -\rho g h$。

因此有 $\rho g h = \dfrac{2\alpha}{R}$

如图（6-8）（b）所示，利用 $r = R\cos\theta$。

得毛细管公式

$$h = \frac{2\alpha\cos\theta}{\rho g r} \tag{6-24}$$

由式（6-24）可知，毛细现象中，弯曲液面上升或下降取决于接触角 θ。当液体润湿固体时，接触角为锐角，弯曲液面为凹面，则 $h > 0$，说明液面将上升；反之，当液体不润湿固体时，接触角为钝角，弯曲液面为凸面，则 $h < 0$，说明液面将下降。

通过毛细管公式的推导过程可知，产生毛细现象的原因是附加压强现象，而产生附加压强现象的原因是表面张力现象。

例题 6-3　两块平行且竖直放置的玻璃板，部分地浸入水中，使两板间保持距离 d。试求每块玻璃板内外两侧所受压力的合力。已知板宽 l，表面张力系数为 α，接触角 $\theta = 0$。

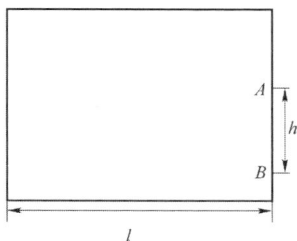

例 6-3 图

解：两块玻璃板所受压力完全相同，以任一玻璃板为研究对象。

当把玻璃板平行且竖直的插入水中形成狭窄容器，会出现毛细现象。两块玻璃板间的狭窄容器部分液面将上升。取玻璃板上两个特殊点，其中 A 点是狭窄容器内液面上升的位置，B 点是玻璃板浸入水中水面的位置，设毛细现象中上升高度是 h，则 A 点和 B 点的距离就是 h。A 点和 B 点把玻璃板分成三部分。最上面一部分玻璃板内外都是大气，所以两侧压力相等，抵消了。最小面部分是浸入广阔平直液面中，内外对应位置深度都相等，所以玻璃板内外的压力也相等，细小了。所以玻璃板内外两侧所受压力的合力就是 A 点和 B 点之间部分的压力差。这部分的外侧是大气，所以外侧压力是 $F_外 = P_0 S = p_0 lh$。

根据毛细管公式， $h = \dfrac{4\alpha\cos\theta}{\rho g r} = \dfrac{4\alpha}{\rho g r}$

内侧是液体，压强随液体深度变化。以 B 点为坐标原点，竖直向上作为 y 轴，则坐标原点处的压强为 P_0， y 处的压强 $P = P_0 - \rho g y$。 y 处以 l 为底，dy 为高的窄条面积上的压力为 $dF_内 = (P_0 - \rho g y) l dy$。

因此 $F_内 = \int dF_内 = \int_0^h (P_0 - \rho g y) l dy = P_0 lh - \dfrac{1}{2} l \rho g h^2$

所以 $F_合 = F_内 - F_外 = -\dfrac{1}{2} l \rho g h^2 = -\dfrac{8 l \alpha^2}{\rho g r^2}$

自然界中有很多现象和毛细现象有关。土壤中的水分根据储存情况可以分为重水、吸附水和毛细管水。重水会渗透到地层深处，在土壤中不能长久保持；吸附水是吸附在土壤颗粒上的水，也不能被植物吸收；毛细管水是能被土壤中细小孔隙提升到地表的水分，容易被植物吸收利用，它是植物吸收水分的主要来源。所以恰当保持土壤的毛细结构，是植物生长的必要条件。当然，土壤毛细管内水如果过多，也会影响空气的流通，同样不利于植物的生长。有时，土壤毛细管内水上升过高的话，还会引起土壤的盐渍化等问题。植物根须吸收水分靠的是毛细管把它们输送到茎叶中去。

选读一——等离子体

物质在不同温度下呈现不同的物态，包括固态、液态和气态。温度升高时，气体分子的热运动加剧。当温度足够高时，由于分子之间的碰撞，分子内的原子有可能获得足够大的动能，从分子内分裂出来，这个过程称为离解。若继续提高温度，当原子内电子的动能超过原子的电离能时，原子的外层电子会摆脱原子核的束缚成为自由电子，失去外层电子的原子将成为带电的离子，这一过程称为电离。当气体中大量分子电离后，电离气体与原来气体的性质完全不同，将这种电离气体称为等离子体，等离子体被称为物质的第四态。等离子体是由克鲁克斯在 1879 年发现的，1928 年美国科学家朗缪尔和汤克斯首次将等离子体一词引入物理学，用来描述气体放电管里的物质形态。

组成等离子体的基本成分包括电子、离子和中性粒子。等离子体中的中性粒子除了原来气体的分子外，还存在大量基态和激发态的原子、分子等。这些不同种类、不同能态的粒子之间存在相互作用力，形成了等离子体的复杂多粒子体系。等离子体内的带电粒子可以在空间自由运动和相互作用，这种行为很像气体，所以等离子体也被称为超气体。等离子体整体呈中性的物质状态。等离子体具有很高的电导率，与电磁场存在极强的耦合作用。由于带电粒子之间的作用力是库仑力，而库仑力是长程力，所以等离子体中每个粒子都同时与周围粒子有相互作用，因此等离子体表现出非常明显的集体行为。

最常见的等离子体是高温电离气体，如电弧、霓虹灯和日光灯中的发光气体。金属中的电子气和半导体中的载流子及电解质溶液也可以看作是等离子体。在地球环境中，等离子体主要存在于大气层中的电离层及以上空间，极光、闪电的高温部分都是地球上存在的等离子体辐射现象。在宇宙中，等离子体是物质存在的主要形式，占宇宙中物质总量的 99%以上，如恒星、星际物质及地球周围的电离层等都是等离子体。

选读二——液晶

1888 年奥地利植物学家莱尼泽发现把胆甾醇脂类化合物加热到 145.5 ℃时可以得到的一种浑浊黏稠的具有流动性的液体。这种液体在光学性能上很像晶体，表现出各向异性。当把胆甾醇脂类化合物继续加热到 178.5 ℃时，浑浊黏稠的液体不仅变透明了，而且光学的各向异性也随之消失。随后德国物理学家雷曼发现和胆甾醇脂化合物类似，许多有机化合物在从固态变为液态的过程中也要经历这个既具有光学各向异性，但又像液体一样具有流动性的物质，他给这种既有晶体性质又有液体性质的特殊的物质起名为液晶态。液晶在力学性质上像液体具有各向同性，但在光学性质又像是晶体呈各向异性。

液晶有热致液晶与溶致液晶两种。在一定温度范围内呈现液晶态的称为热致液晶。热致液晶的清凉点是指浑浊黏稠的液晶继续加热变成透明的温度。

热致液晶只能在熔点和清凉点之间存在。热致液晶可分为近晶相液晶、向列相液晶和胆甾相液晶。由某些化合物溶解于溶剂中而获得的液晶态被称为溶致液晶。

液晶具有如下特殊性质。

1. 双折射

由于液晶是由平行排列的棒状分子所组成，在分子长轴方向与分子垂直方向上物理性质是不同的，故呈现双折射现象。

2. 旋光性

胆甾型液晶的螺旋结构会使光线穿过液晶后，光线的线偏振方向与入射光振动方向发生旋转，这种现象称为旋光性。胆甾型液晶是已知最强的旋光物质。

3. 电光效应

液晶分子是一些棒状极性分子，也就是说分子具有一定的固有电偶极矩。在电场作用下，由于偶极要按电场方向重新取向，分子原有排列方式受到破坏，必然要引起光学性质的改变，称为液晶的电光效应。液晶显示主要利用这一特性。

4. 彩色效应

当胆甾型液晶的螺距随温度改变时，它所反射的光波长也随之变化，因而会发生色彩的变化。随温度降低依次出现浅绿色、深绿色、深藏青色、黄色、橙红色和鲜红色，凝固为固体时呈无色。它的颜色非常敏感地依赖于温度，不同的颜色对应于不同的温度，这种现象称为热色效应。这种颜色的变化还是可逆的。另外，胆甾型液晶的螺距也会随所加电压不同而改变，从而显示色彩的变化。胆甾型液晶螺距对有机溶剂的气体也非常敏感，极小量溶剂分子，即使少到百万分之几的含量，也可使螺距发生改变而产生色彩变化，不同有机物对螺距的影响也不同。

液晶由于其特殊的光学特性、热温性质及形成化合物的稳定性而得到了广泛的应用。20 世纪 70 年代以来，液晶已被广泛地应用到许多尖端新技术领域中。例如电子工业的显示装置；化工的公害测定；高分子反应中的定向聚合；仪器分析；航空机械及冶金产品的无损探伤和微波测定；医学上的皮癌检查、体温测定等。电子显示方面，液晶图像显示的研制也倍受注目。

选读三——物理学的理想模型

物理世界是十分复杂的，要探索和研究这个复杂世界的规律时，难免会被影响事物发展的各种因素所困扰。为了利用有限的资源得到研究结果，只能保留对所研究问题起决定影响的主要因素，以突出事物的基本特征及其基本规律，忽略一些影响事物发展的次要因素，这种科学抽象的产物就是理想化模型。理想化模型就是对一个客观的事物，只考虑事物本身及其影响的主要因素，而忽略次要因素，对客观事物的存在条件、属性、状态等的一种理想的想象。

一、物理对象模型

实际物体在某些特定条件下往往可抽象为理想的研究对象，即物理对象模型。物理中常见物理对象的理想模型有质点、刚体、弹性体、理想流体、弹簧振子、单摆、点电荷、试验电荷、无限大平板、点磁荷、纯电阻（纯电容、纯电感）、光线、薄透镜、点光源、绝对黑体、汤姆逊模型、卢瑟福模型等。

1. 质点

任何物体都有一定的大小、形状和内部结构，即使是很小的原子、电子也不例外。一般来说，物体在运动时物体内各点的位置变化常常是不相同的，而且物体的大小和形状也可能发生变化。所以要详细描写物体的运动是很困难的。因此在描述机械运动时，对于某一具体问题，需要根据一定的条件和要求，突出主要因素，忽略次要因素，以简化讨论。所谓质点是指具有一定质量而无大小和形状的一个点。

研究物体运动时，下列两种情况可以不考虑物体的形状和大小，而把物体看作质点：当物体运动时，物体中各点的运动情况完全相同，在这种情况下，物体上任一点的运动都能代表它整体的运动；物体的形状和线度对所研究问题的性质影响很小，可以忽略。一个物体可否看作质点，应根据研究问题的性质而定，同一物体在不同的问题中，有时可以看作质点，有时则不能。

2. 刚体

质点是忽略了物体的形状和大小。但是在许多问题中物体的形状和大小是不能忽略的。比如说讨论地球的自转、轮子的转动等。物体在外力作用下，其大小和形状都要发生变化。物体的形变，不但和外力的大小和方向有关，还和物体的形状及组成物体的质料有关，因此一般来说是比较复杂的。在物理学中，为了问题简化，引入了刚体的概念。所谓刚体具有这样的性质：无论在多大外力作用下，物体的形状和大小都保持不变，也就是物体内任何两点之间的距离保持不变，刚体各部分之间没有相对运动。刚体也是最常见的力学模型。

对刚体的概念应该注意两点。刚体是一个物体，可以看作是由许多质点组成的。因此研究质点系的方法和得出的一般结论都适用于刚体。刚体是物理学中的一种理想模型。绝对的刚体是不存在的。但是引入刚体的概念可以大大简化处理问题的方法；在实际问题中，刚体是一个很有用的理想模型。当物体受力不大或物体质料坚实，在外力作用下没有显著的形变产生时，就可以把物体看作刚体。这样，就突出了物体整体的运动情况，忽略了物体的形变运动。刚体也可以这样理解，在物体的运动中其形状和大小的相对改变可以作为次要因素忽略不计，把物体看作是由若干彼此维持固定距离的质点组成。

刚体最简单的两种运动形式是平动和转动。刚体的任何更复杂的运动，都可以看作是这两种运动的合成。在运动过程中，如果刚体上任意一条直线在运动过程中始终保持方向不变彼此平行，这种运动称为平动。刚体做平动时，刚体中各点的运动形式完全相同，在任意一段时间内，刚体中各点的位移相同，在任何时刻，刚体中各点的速度和加速度也相同。所以刚体内任何一点的运动，都可代表整个刚体的运动，知道一点的运动就知道其他点的运动。所以刚体的平动可以用质点的运动处理。在运动过程中，如果刚体上各个点都绕同一直线做不同半径的圆周运动这种运动称为转动。这一直线称为转轴。如果转轴的位置或方向随时间而改变这个转轴为瞬时转轴；如果转轴是固定不动的，这个转轴称为固定转轴，这种运动称为定轴转动。

刚体上各点均在平面内运动，且这些平面均与一固定平面平行，称作刚体的平面平行运动或简称刚体的平面运动。这是比平动和定轴转动复杂一些的刚体运动形式。刚体平面运动的特点是刚体内垂直于固定平面的直线上的各点，运动状况都相同。刚体的平面运动总可以看作是随某基点的平动和绕通过该基点垂直轴的转动的叠加。

3. 弹性体

任何物体在力的作用下都会发生或多或少的形变，并且在许多实际问题中，形变起着关键的作用。还有一些物理现象，从本质上就是由形变引起的，如声音的传播。以固体为例，若物体形变不超过一定限度，当外力撤去后，物体能恢复原状，这称为弹性形变；形变超过一定限度，当外力撤去后，物体不能恢复原状，就称为范性形变或塑性形变。发生弹性形变的物体称为弹性体。

在外力作用下，物体内部应力的分布情况十分复杂，既与所取的截面位置有关，又与所取截面的方向有关。为了确定截面的方向，一般规定垂直截面向外的方向（外法线方向）为截面的方向，称为法向（$\vec{n}$ 向），而与法向垂直的另一方向为截面的切向（$\vec{\tau}$ 向）。在上述情况中，内力的大小同为 F，但它们作用面积一个为 A，另一各为 A'，可见两个面上的内力分布的密集程度不同。内力的密集程度即单位截面面积上的内力称为应力。如果在截面上取一面积元 ΔS，作用在有向小面元上的内力为 $\Delta \vec{F}$，那么在这有向面元上的平均应力 $\vec{p} = \dfrac{\Delta \vec{F}}{\Delta S}$，将上式取极限，得无穷小有向面元上的应力为 $\vec{p} = \lim\limits_{\Delta S \to 0} \dfrac{\Delta \vec{F}}{\Delta S}$。一般而言，同一截面上不同点具有不同的应力，即使同一点，随着通过该点的截面的方向不同，应力也会不同。应力虽是矢量，但不一定垂直于截面。应力向截面外法线方向上的投影叫正应力，用 σ 表示。σ 为正，表示截面受到另一侧的拉力，若 σ 为负，表示截面受到另一侧的压力。应力在截面内任一切向（$\vec{\tau}$ 向）的投影叫做剪切应力（或切应力），用 τ 表示。

物体在外力的作用下形状和大小的相对变化称为应变。它是描述物体内部各点附近变形剧烈程度的物理量。轴向形变和剪切形变是两种最基本的形变，分别与之相应的是线应变和切应变，它们是两种最基本的应变。一切复杂的形变都可以看作是上述两种基本形变的不同组合。

1660 年英国科学家胡克首先由实验总结出外力和物体弹性形变的线性关系：如果变形体内应力不超过一定限度，则应力和应变成正比。这一关系称为胡克定律。

物体在外力作用下发生形变的过程中，外力对物体做正功，在弹性限度内，外力所做的功以物体形变势能的形式储存在变形体内。当逐渐减小外力，使物体恢复原状时，弹性体又以向外做功的形式将其释放出来，这种形变势能又称为弹性势能。在外力和其所致形变之间存在线性关系的情况下，变形体内储存的弹性势能，和产生形变的应力的平方成正比，变形体内某一点处的弹性势能密度是那里的应力（或应变）的二次函数。

二、物理状态或过程模型

过程模型是将实际物理过程进行处理，考虑主要因素，忽视次要因素，使之成为典型过程。比如匀速直线运动、匀变速直线运动、抛体运动、匀速圆周运动、简谐运动、完全弹性碰撞，电学中的稳恒电流、等幅振荡，热学中的平衡状态、平衡过程、等温变化、等容变化、等压变化、绝热变化等都是物理过程或状态模型。

三、理想实验模型

理想实验模型是把可靠事实和理论思维结合起来，在实验基础上经过概括、抽象、推理得出规律的一种研究问题的方法。这种规律一般不能用实验直接验证。伽利略的双斜面实验就是物理学中非常典型的理想实验，通过双斜面实验推倒了延续两千年的力是维持运动不可缺少的原因的结论，为牛顿第一定律的产生奠定了基础。

四、模拟式模型

物理学中有一些看不到、摸不着的物理对象，为了把这些物理对象变得具体、直观和形象，在物理概念的基础上引入物理模型。例如，电场和磁场中的电场线、等势面和磁感线等就是模拟式模型。虽然电场线、等势面和磁感线都是为了研究电场和磁场而引入的假想模型，但是这些模型也并非人们单凭主观愿望臆造出来的，用这些模拟式模型能使一些看不见、摸不着的客观事物变得具体化、形象化。

五、条件模型

物理过程总是在一定条件下发生的，条件模型将条件理想化以便突出主要的物理现象和过程。例如弹性、光滑、均匀、轻质等都属于条件模型。条件模型往往隐含着已知条件，这个对物理过程的理解十分重要。

思考题

1. 简述理想气体分子模型缺陷，以及由此得到的弱引力弹性钢球模型。

2. 范德瓦尔斯方程是在理想气体方程的基础上做了哪几点修正后得到的?

3. 考虑分子引力后，范德瓦尔斯气体的压强是增大还是减小? 为什么?

4. 简述范德瓦尔斯方程的物理意义。

5. 写出 1 mol 范德瓦尔斯气体的范氏方程的形式，其中考虑分子大小引入的常量物理意义什么?

6. 范德瓦尔斯方程中的 p 表示的是哪种气体的压强，$(V_m - b)$ 的物理意义是什么?

7. 液体表面张力不是由于弹性形变所引起的,而是_____作用的结果,表面张力的方向是_____。

8. 简述表面张力系数力的角度和能的角度定义式所表达的物理意义。

9. 表面张力系数的大小和哪个因素有关?

10. 什么叫附加压强? 附加压强产生的原因是什么?

11. 什么叫润湿和不润湿? 什么叫接触角? 润湿和不润湿与接触角的关系是什么?

12. 当液体润湿固体时，接触角取值范围为_____，此时毛细现象中狭窄容器内液面是_____（填"上升"或"下降"）。

13. 两块玻璃板竖直插入水中，使两者距离很近，且部分露出水面，这时，两板将受到一个作用力，该作用力是使其靠近还是远离?

计算题

1. 1 mol 氧气的压强为 1.01×10^8 Pa，体积为 5×10^{-5} m³ 其温度是多少? 若在此温度下气体可看作理想气体，其体积应为多少? （范德瓦尔斯改正量为 $a = 1.38 \times 10^{-1}$ m⁶Pamol⁻²，$b = 3.18 \times 10^{-5}$ m³mol⁻¹）

2. 水和油边界表面张力系数为 α，为使质量为 M kg 的油在水内散布成半径为 r 的小油滴，需要作多少功? （设在等温条件下分解，忽略油滴的原体积，油的密度为 ρ）

3. 一端封闭的玻璃毛细管，内径 d 为 2.0×10^{-5} m，管长 l 为 20 cm，竖直将开口端插入水中，问插入水的一段长度为多少时，恰好管内外水面在同一水平面上。已知大气压强 $P_0 = 1.013 \times 10^5$ Pa，水的表面张力系数 73×10^{-3} N/m，接触角 $\theta = 0$。

4. 水和油的表面张力系数 α，为使质量为 m 的油在水内散布成半径为 r 的小油滴，需要作多少功？（设油滴是在等温情形下分成的，油的密度为 ρ，忽略油滴的原面积。）

5. 液膜半径为 r，设表面张力系数为 α，则在液膜形成的过程中，外力克服表面张力做功为多少？

6. 液滴半径为 r，设表面张力系数为 α，则在液滴形成的过程中，外力克服表面张力做功为多少？

7. 肥皂泡半径为 r，设表面张力系数为 α，则在肥皂泡吹大的过程中，外力克服表面张力做功为多少？

8. 液体表面张力系数为 α，毛细管半径为 r，液体密度为 ρ，接触角为 θ，求毛细管内球形液体上升高度 h。

9. 在半径 r 的细玻璃管中注水，可见到管内的液面呈半径为 r 的半球面，管的下端形成水滴。设水滴形状可以看作是半径为 R 的球体的一部分（不是半球），试求管中水柱的长度 h？（水的表面张力系数为 σ，密度为 ρ）

10. 把内直径为 $d = 0.5$ mm 的管子浅浅地插入酒精中，问流入管中的酒精的高度是多少？已知酒精的密度为 $\rho = 0.8 \times 10^3$ kg/m^3，表面张力系数 $\sigma = 22.9 \times 10^{-3}$ N/m，与管的接触角为零。

第7章 相 变

这一章接着讨论物质的性质，简称物性。构成物质的分子的聚合状态称为物质的聚集态，简称物态。气态、液态和固态是最常见的三种物态，液态和固态统称凝聚态。而物质聚集状态的变化，称为相变。相变是粒子热运动和粒子间的相互作用竞争的结果。

7.1 相

一、相和元

虽然，也有人把气体、液体和固体称为气相、液相和固相，但应注意，相和态是两个并不完全相同的概念。态指物质的表观状态，而相是指在没有外界影响下，物理和化学性质均匀的部分。也就是说，相要考虑物理和化学性质的均匀性，即要考虑物质的内部结构。因而，相比物态的内涵更精细。单相系为整个系统各处物理及化学性质均匀；复相系为系统中有两个或两个以上不同的各自物理及化学性质均匀的部分组成。

通常气体和纯液体都只要一个相，但同一种固体可能有多种不同的相。如冰有 9 种晶体结构，因而有 9 种固相。

把系统中所含的一种化学成分叫做元。则单元系指的是单一化学成分的系统，多元系是指由两个或两个以上化学成分组成的系统。而单元二相系是指系统中只有一种化学成分，但是存在两个物理及化学性质不同的部分，比如水和水蒸气就是单元二相系；还有二元单相系等，例如水和酒精混合物就为二元单相系。

二、相变与潜热

在一定条件下，同一物质可以从一个相变为另一个相，称为相变。相变都伴随某些物理性质的突然变化。

相变可以分为一级相变和二级相变。

1. 一级相变和二级相变

在相变过程中，如果系统体积有显著变化并伴随热量产生，这种相变叫做一级相变。在相变过程中，热容、体膨胀系数等物理量发生突变，而体积不发生突变，且没有热量产生，这种相变叫做二级相变。

2. 相变潜热

前面章节所讨论的热量是由温度变化产生的，但相变是在一定温度下进行的。温度不变，但物质吸收或放出热量，称为"潜热"。单位质量的物质从一个相变转变为同温度的另一个相的过程中，所吸收或放出的热量，称为相变潜热。

单位质量的物体的热力学第一定律有 $\mathrm{d}Q = \mathrm{d}A + \mathrm{d}u$，在等压、等温条件下，相变潜热 l 为 $l = (u_2 - u_1) + p(V_2 - V_1)$。其中两项内能差 $u_2 - u_1$，称为内潜热；$p(V_2 - V_1)$ 称为外潜热。

7.2 相 变

一、气液相变 饱和蒸汽压

1. 汽化

物质由液态转变为气态的过程称为汽化，包含蒸发与沸腾两种形式。

蒸发发生在液体表面，在任何温度下都可以进行。蒸发就是液体分子从液面逸出的过程。当然，液面外的蒸气分子也有机会碰到液面，被液面俘获成液体分子。就是蒸气又凝结成液体，称为凝结。在任何时刻、任何温度下，液面上总是既有蒸发，也有凝结。

同一液体，在开口容器中时，影响蒸发的因素主要包括液体的表面积，表面积越大，蒸发的越快；温度，温度越高，蒸发的越快；通风情况，通风状况越好，蒸发的越快。

在密闭的容器中，随着蒸发过程的进行，容器内蒸汽的密度不断增大，返回液体的分子数也会不断增多。直至单位时间内，由液体逸出的分子数等于返回液体的分子数时，蒸发和凝结达到了动态平衡，宏观上来看，蒸发现象停止了。这种与液体保持动态平衡的蒸汽叫做饱和蒸汽，它的压强叫做饱和蒸汽压。实验证明，在一定温度下，不同物质的饱和蒸汽压不同；而同一物质的饱和蒸汽压和温度是有关的，温度越高，饱和蒸汽压越高；饱和蒸汽压还和液面的形状有关。在凹液面的情况下，液体分子逸出液面所需做的功比平液面时大，因此单位时间逸出的分子数要比平液面时的少，从而凹液面的饱和蒸汽压比平液面的要小；相反，凸液面上方的饱和蒸汽压要比平液面的大。通常所说的饱和蒸汽压指的是平液面时的饱和蒸汽压。

因为液滴是凸液面，所以它周围的饱和蒸汽压要比平液面大。在液滴形成的初始阶段，液滴很小，凸液面曲率半径很大，所以液滴周围的饱和蒸汽压要比平液面的更大一些。所以，只有当周围环境中实际的蒸汽压强大于液滴的饱和蒸汽压时，液滴才能进一步长大。这种实际液面的蒸汽压超过平液面的饱和蒸汽压几倍以上，但也不会凝结的现象称为过饱和，这种蒸汽叫做过饱和蒸汽。

在一定压强下，加热液体到某一温度时，液体表面和内部同时发生的剧烈的汽化现象叫做沸腾。相应的温度称为沸点。沸点与液体种类有关，且随液面上压强增大而升高。通常的沸点指的是一标准大气压时的沸点。沸腾的条件就是饱和蒸汽压与外界压强相等。

蒸发与沸腾的都在汽液分界面处进行；沸腾在沸点进行，蒸发在任何温度下都可进行；蒸发在液体表面进行，沸腾在整个液体进行。

2. 液化

物质由气相转变为液相的相变过程称作液化。在液化过程中物质放出热量而温度降低。当物质饱和蒸汽的密度与液体的密度相等时，这时物质所处的状态叫做临界状态，对应的温度称为临界温度。物质由气态变为液态，必须降低到临界温度以下才能将气体液化，可通过加压或降温的方法来实现。临界温度较高的气体，如氨、二氧化硫、乙醚和某些碳氢化合物，在常温下压缩即可变为液体。有些物质，如氧、氮、氢、氦等的临界温度很低，必须预冷到临界温度以下再压缩才能使之液化。例如氢气是 1908 年最后一个被液化的气体，它的临界温度是 $-268\ ^\circ\text{C}$，液化这样的气体，必须具备先进的科学技术与设备。

临界温度以下的气体都可液化。可通过冷却或加压或冷却加压并用的方法来实现。在通常压强下气体的临界温度很低，因此液化与低温技术是分不开的。液氮、液氢、液氦等已经广泛应用于几乎所有需要极低温的科学技术部门。

3. 低温

低温是针对于日常所处的常温而言的，一般指几开尔文至十几开尔文的范围。在这种低温状态下，可以对物质的一些基本特性进行更深入的研究，一些最基本的物理规律也在这种物质基态或低能激发态中才能更充分地为人所了解。这种基础研究可以使我们更清楚、更准确地认识物质世界，因此也就成为了目前物理学和化学领域中的关注焦点，近几年的多项诺贝尔物理学奖和化学奖都出自该领域。其理论研究的进展和技术突破，都对人类认识世界和改变日常生活有重要贡献。

低温物理研究成果的应用更是引起了许多领域的技术革命，其中影响最大的莫过于高温超导了。科学家较早就认识到物质在低温状态下会出现电阻为零的现象即超导，但由于几开尔文至十几开尔文的温度在操作上很难获得，因此也就没有太大的应用价值。然而 1986 年对 78 K 以上高温超导体的发现，使得其应用前景豁然明朗，在材料科学、电子器件等领域中，高温超导体的应用将带来革命性的突破发展。高温超导微波子系统在卫星、雷达和通信系统中的应用，使移动通信、导弹制导等装备的性能得到了极大的提高，用超导滤波器装备的移动通信基站，其覆盖范围可提高 30%～50%，通话容量可增加 80%；而应用高温超导材料制成的永久磁体，可应用在磁悬浮列车等许多领域；同样，高温超导材料还可在输电线路、低温制冷机等方面得到更广泛的应用。

二、固液相变

1. 熔解

物质从固相转变为液相的过程称为熔解。对于晶体而言，温度要升高到一定温度才熔解，这一温度称为熔点。在熔解过程中温度保持不变，但要吸热。熔解单位质量物质所需的热量称为溶解热，即固液相变过程中的相变潜热。固相物质的熔点受多种因素影响，比如所含杂质，及与其他物质接触等。

从微观上来看溶解过程是固体点阵结构被破坏的过程。在加热过程中，晶体中粒子的热振动变得剧烈了，到一定温度时，粒子就有足够的能量摆脱粒子间相互作用力的束缚，使点阵结构解体，从而固相变为液相。温度不变是因为吸收的热几乎全部用于增加相互作用的势能。

2. 凝固

从液相转变为固相的过程称为凝固。若固相是晶体，该过程又称为结晶。在结晶过程中要方程结晶热。结晶过程是无规则排列的原子形成空间点阵的过程。在这一过程中，总有少数原子先按一定的规则排列起来，形成晶核，再由晶核吸附原子，释放能量，围绕这些晶核生长成为一个个的晶粒。在结晶时，若只是从一个晶核生长，则形成的是单晶体；若从多个晶核生长，便生长处多晶体。溶解曲线：熔点随外界压强的变化曲线。

三、固气相变

物质从固相直接转化为气相的过程称为升华，从气相转化为固相的过程称为凝华。如果将固体放在密闭的容器中，最后固体和它的蒸汽会达到平衡状态，这是在固体周围形成了饱和蒸汽，饱和蒸汽的压强也叫饱和蒸汽压。

一切固态物质在一切温度下，都有一定的饱和蒸汽压。饱和蒸汽压越低，升华越不明显；饱和蒸汽压越高，越容易见到升华。一般固体的饱和蒸汽压都很小，但也有少数固体的饱和蒸汽压很大，以致温度上升到熔点之前，它的饱和蒸汽压与大气压相当，因此未发生熔解即发生升华，比如樟脑、干冰等物质在常温下都可直接挥发为气体。

升华时，粒子直接由点阵结构转变为气体分子，一方面要克服粒子之间的结合力作功，另一方面还要克服外界压强作功。因此物质升华需要吸收大量的相变潜热，称为升华热。

7.3 相平衡

一、相平衡条件

系统两相平衡状态在一定条件写可以发生。以单元复相系为例，1 相的摩尔数为 ν_1，单位摩尔的熵、内能和体积分别为 s_1，u_1，V_1；2 相的摩尔数为 ν_2，单位摩尔的熵、内能和体积分别为 s_2，u_2，V_2；定义化学势 $\mu = u - Ts + pV$，则单元复相系处于相平衡应满足条件如

$$\begin{cases} T_1 = T_2 \\ p_1 = p_2 \\ \mu_1 = \mu_2 \end{cases} \qquad (7\text{-}1)$$

即需达到热平衡、力学平衡和相平衡。

二、相图

单元复相系两相平衡有 $\mu_1(p,T) = \mu_2(p,T)$，表明达到平衡共存时两相的压强和温度之间有一一对应关系，即 $p = p(T)$ 或 $T = T(p)$。在给定压强下，两相平衡共存的温度是一定的，反之，当温度一定时，两相平衡共存的压强也是一定的。因此，常用温度和压强作为状态参量来研究相变问题。$p-T$ 图中画出两相平衡共存时的压强随温度的变化曲线，称为相平衡曲线。相平衡曲线有汽化曲线、熔解曲线和升华曲线。$p-T$ 图被相平衡曲线分为不同的区域，对应于物质不同的相，每个区域代表一个单相，这样的 $p-T$ 图称为三相图。

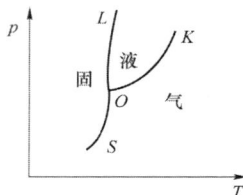

图 7-1 三相图

在图 7-1 中，曲线 OK 是气液两相平衡曲线，称为汽化曲线；OL 是固液两相平衡曲线，称为熔解曲线；OS 是固气两相平衡曲线，称为升华曲线。因此，曲线上的每个点都代表两相平衡共存的状态。三条曲线的交点 O 为三相点，它是物质固、液、气三相平衡共存的唯一状态，对应这确定的温度和压强。OS 与 OL 之间是固相存在的区域，OL 和 OK 之间是液相存在的区域，OK 和 OS 之间是气相存在的区域。需要指出的是，汽化曲线 OK 始于 O 点，终于 K 点，是有限长度的曲线。K 点叫做临界点，临界点的温度就是临界温度，在温度高于临界温度时，物质就不能以液相存在。

三、克拉珀龙方程

一切物质的相图，都是由实验测定的，热力学理论只能求出相平衡的切线方程。

设单元二相系在压强 p 和温度 T 时达到平衡，如果对 $T+\mathrm{d}T$，$p+\mathrm{d}p$ 的变化下系统仍处于平衡态，则有相平衡条件 $\mu_1(p,T)=\mu_2(p,T)$ 和 $\mu_1(p+\mathrm{d}p, T+\mathrm{d}T)=\mu_2(p+\mathrm{d}p,T+\mathrm{d}T)$。也可写为或 $\mu_1+\mathrm{d}\mu_1=\mu_2+\mathrm{d}\mu_2$。因此有 $\mathrm{d}\mu_1=\mathrm{d}\mu_2$。而 $\mathrm{d}\mu=-s\mathrm{d}T+V\mathrm{d}p$，式中 S 和 V 分别为 1 mol 物质的熵和体积，得

$-s_1\mathrm{d}T+V_1\mathrm{d}p=-s_2\mathrm{d}T+V_2\mathrm{d}p$，即 $\dfrac{\mathrm{d}p}{\mathrm{d}T}=\dfrac{S_2-S_1}{V_2-V_1}$。

利用 $\mu_1(p,T)=\mu_2(p,T)$ 得，$u_1-Ts_1+pV_1=u_2-Ts_2+pV_2$。所以 $s_2-s_1=\dfrac{(u_2+pV_2)-(u_1+pV_1)}{T}$，而 $(u_2+pV_2)-(u_1+pV_1)$ 是等压过程的相变潜热 l。所以得克拉珀龙方程为

$$\frac{\mathrm{d}p}{\mathrm{d}T}=\frac{l}{T(V_2-V_1)} \tag{7-2}$$

克拉珀龙方程是热力学第二定律的直接推论，它将相平衡曲线的斜率 $\dfrac{\mathrm{d}p}{\mathrm{d}T}$ 与相变潜热 l、相变温度 T 及相变时体积 V_2-V_1 的变化联系在一起了。

思考题

1. 怎样理解相和元的概念？相和态的含义有何不同？

2. 饱和蒸气压和哪些因素有关？

3. 一级相变和二级相变有哪些不同？什么叫相变潜热？

4. 什么是相平衡条件？

5. 什么叫三相图？

参考文献

[1] 黄淑清，聂宜如，申先甲. 热学教程［M］. 4 版. 北京：高等教育出版社，2020.

[2] 秦允豪. 普通物理学教程，热学［M］. 4 版. 北京：高等教育出版社，2018.

[3] 朱晓东. 热学［M］. 合肥：中国科学技术大学出版社，2014.

[4] 保罗·休伊特. 概念物理［M］. 北京：机械工业出版社，2015.

[5] 张壮汉，倪牟翠. 物理学导论［M］. 北京：高等教育出版社，2016.

[6] 李艳平，申先甲. 物理学史教程［M］. 北京：科学出版社，2003.

[7] 郭奕玲，沈慧君. 物理学史［M］. 2 版. 北京：清华大学出版社，2005.

[8] 李椿，章立源，钱尚武. 热学［M］. 2 版. 北京：高等教育出版社，2008.

[9] 张三慧. 力学与热学（下册）［M］. 北京：清华大学出版社，1985.

[10] 赵凯华，罗蔚茵. 热学［M］. 2 版. 北京：高等教育出版社，2005.

[11] 赵凯华. 定性与半定量物理学［M］. 2 版. 北京：高等教育出版社，2008.

[12] 汪志诚. 热力学与统计物理学［M］. 北京：人民教育出版社，1980.

[13] 程守洙，江之永，胡盘新. 普通物理学［M］. 5 版. 北京：高等教育出版社，1998.

[14] 休 D. 杨，罗杰 A. 弗里德曼. 西尔斯物理学［M］. 北京：机械工业出版社，2003.

[15] 马文蔚. 物理学发展史上的里程碑［M］. 南京：江苏科学技术出版社，1992.

[16] 马文蔚. 物理学教程［M］. 北京：高等教育出版社，2016.

[17] Stephen J. Blundell，Katherine M. Blundell. 热物理概念：热力学与统计物理学［M］. 2 版. 北京：清华大学出版社，2015.